DEUTSCHE NATIONALPARKE

Jasmund
Vorpommersche
Boddenlandschaft

Frank Gnoth-Austen
Rudolf Specht

D1858141

Vehling-Verlag
Werl i.W. · Basel · Graz

DEUTSCHE NATIONALPARKE

Vorpommersche Boddenlandschaft Jasmund

Brandgänse

Sumpfwurz, eine Orchidee

Käfer, in Bernstein eingeschlossen

Der Leuchtturm auf dem Bakenberg / Hiddensee stammt aus der

Jahre 1888

Inhalt

Fischkutter

Vorwort

Seit im Jahr 1872 in den Vereinigten Staaten von Amerika im Yellowstone-Gebiet der erste Nationalpark gegründet wurde, entstanden weltweit über 2 000 Nationalparke. Ihr Ziel ist es, großräumige natürliche oder naturnahe Landschaften unzerstört für alle Zeiten zu erhalten. Dieses Ziel bedeutet, daß jegliche Nutzung der natürlichen Ressourcen, wie Land- oder Forstwirtschaft, Jagd oder Fischerei in einem Nationalpark unterbleiben muß, damit die natürliche Entwicklung der Lebensgemeinschaften, entsprechend den ihr innewohnenden Gesetzen, sichergestellt wird. Der wichtigste Unterschied zu großräumigen Naturreservaten liegt darin, daß Nationalparke ausdrücklich den naturliebenden Menschen zur Begegnung mit ursprünglicher Natur und zum Naturerleben erschlossen werden sollen, allerdings nur soweit es der Schutzzweck erlaubt.

In Deutschland hat man relativ spät begonnen, Nationalparke einzurichten. Im Europäischen Naturschutzjahr 1970 wurde der Nationalpark Bayerischer Wald als erster deutscher Nationalpark eröffnet. Heute gibt es in Deutschland elf Nationalparke, die die repräsentativsten, naturnahen Großlandschaften unseres dicht besiedelten Landes schützen. Ihre Situation ist teilweise kritisch. Die Widerstände, die traditionelle Forstwirtschaft oder die Jagd einzustellen, sind erheblich. So bleibt nur zu hoffen, daß sich bei den verantwortlichen Landespolitikern doch noch rechtzeitig die Einsicht durchsetzt, daß die Erhaltung des Naturerbes für ein Kulturvolk von gleichem Rang ist wie die Erhaltung des Kulturerbes .

Eine wesentliche Aufgabe für Nationalparke liegt im Bereich der Umweltbildung und Umwelterziehung. Wenn es nicht gelingt, bei möglichst vielen Menschen, insbesondere bei Kindern und Jugendlichen, Verständnis und damit echtes Verantwortungsbewußtsein für den Umgang mit der Natur zu wecken, bestehen nur wenig Chancen für ein menschenwürdiges Überleben in der Zukunft.

Immer mehr Menschen wollen ursprüngliche Natur erleben. Deshalb bilden Nationalparke hervorragende Ansatzpunkte für Umwelterziehung. Da für die Erfüllung der Umwelterziehungsaufgaben staatliche Mittel nur in geringem Umfang bereitgestellt werden, ist es eine außerordentlich wertvolle Hilfe, daß große Unternehmen die Bildungsarbeit der Nationalparke unterstützen. Dazu zählt u.a. das Engagement der Commerzbank, die seit 1990 die deutschen Nationalparke, aber auch Biosphärenreservate und Naturparke in Zusammenarbeit mit der »Föderation der Natur- und Nationalparke Europas – Sektion Deutschland e.V. (FONAD)« in der Umweltbildungsarbeit fördert.

Alljährlich finanziert die Commerzbank 60 Praktikantenstellen jeweils für mehrere Monate, wodurch es entsprechend qualifizierten Studenten oder Hochschulabsolventen ermöglicht wird, ihren Beitrag zur Bildungsarbeit der Schutzgebiete zu leisten. Das Programm hat sich außerordentlich bewährt. Aber nicht nur die Nationalparke beziehungsweise deren Besucher ziehen daraus Gewinn, auch die Praktikanten selbst lernen in eindrucksvoller Weise die Praxis des Naturschutzes in Deutschland kennen.

An der deutschen Ostseeküste werden seit dem Jahre 1990 in Mecklenburg-Vorpommern zwei großartige Küstenlandschaften als Nationalparke geschützt: Der Nationalpark Vorpommersche Boddenlandschaft umschließt einen der ursprünglichsten Abschnitte der Ostseeküste mit dem größten Kranichrastplatz Nordeuropas. Der berühmte Darss-Wald mit seiner natürlichen Küstendynamik, die Inseln Hiddensee und Ummanz, aber auch die Halbinsel Bug, die bereits zu Rügen gehört, liegen ebenso wie die Boddengewässer zwischen den Halbinseln und dem Festland im Park. Sie geben diesem über 80000 Hektar großen Nationalpark seinen Namen.

Dem gegenüber ist der Nationalpark Jasmund mit etwa 3000 Hektar Ausdehnung zwar der kleinste unter den deutschen Nationalparken. Er schützt aber eine der spektakulärsten Landschaften Deutschlands: die berühmten Kreidefelsen auf Rügen. Schon Maler und Dichter der Romantik wurden durch sie inspiriert. Integrierender Bestandteil des Parkes sind aber auch die angrenzenden Buchenwälder, deren natürliche Weiterentwicklung ohne Einwirkung durch den Menschen ein vorrangiges Ziel dieses Nationalparkes ist.

Die Föderation der Natur- und Nationalparke Europas – Sektion Deutschland e.V. (FÖNAD) dankt der Commerzbank im Namen der deutschen Nationalparke für ihr Engagement nicht nur im Bereich der Umwelterziehung, sondern auch für die finanzielle Unterstützung der Publikation einer Reihe von Führern über alle deutschen Nationalparke. Dies soll dazu beitragen, Ziel, Inhalt und natürliche Gegebenheiten der wertvollsten deutschen Naturlandschaften einer noch breiteren Zahl von Mitbürgern nahezubringen.

Dr. Hans Bibelriether
1. Vorsitzender der FÖNAD

Nordsee
Schleswig-Holsteinisches Wattenmeer
Ostsee
Jasmund
Vorpommersche Boddenlandschaft
Rostock
Niedersächsisches Wattenmeer
Hamburgisches Wattenmeer
Hamburg
Elbe
Müritz
NIEDER-LANDE
Unteres Odertal
POLEN
Ems
Weser
Aller
Havel
Hannover
Berlin
Magdeburg
Spree
Rhein
Lippe
Harz
Ruhr
Hochharz
Cottbus
Fulda
Köln
Elbe
Dresden
Saale
Erfurt
Werra
Sächsische Schweiz
Lahn
Mosel
Frankfurt
Main
Würzburg
TSCHECHISCHE REPUBLIK
Jagst
Altmühl
Naab
Rhein
Saar
FRANKREICH
Stuttgart
Donau
Bayerischer Wald
Neckar
Lech
Isar
Iller
Inn
Freiburg
München
ÖSTERREICH
Berchtesgaden
SCHWEIZ

Übersicht über die Nationalparke in Deutschland

Nationalpark Niedersächsisches Wattenmeer

Rechtsgrundlage: Nationalpark seit 1. Januar 1986
Größe: 2400 km² mit 3 Schutzzonen
Geografische Lage: Wattenmeer vor den Schutzdeichen der niedersächsischen Nordseeküste, von Emden bis Cuxhaven
Charakteristik: Bei Ebbe trockenfallende Schlick-, Sand- und Mischwattflächen, Salzwiesen und Dünen mit typischer Pflanzen- und Tierwelt; Düneninseln, die vor ca. 2000 Jahren aus einem Strandwall entstanden sind, sowie Sandplaten, Priele und bis zu 30 m tiefe Seegaten zwischen den Inseln; eines der vogelreichsten Gebiete der Erde

Nationalpark Hamburgisches Wattenmeer

Rechtsgrundlage: Nationalpark laut Verordnung seit 9. April 1990
Größe: 117 km² mit 2 Schutzzonen
Geografische Lage: Vor Cuxhaven, im Mündungsbereich der Elbe
Charakteristik: Vor allem Sand und Mischwattflächen mit flachen Prielen und Sandplaten; Düneninseln Scharhörn und Nigehörn sowie die teilweise eingedeichte Sandinsel Neuwerk; typische Tier- und Pflanzenwelt

Nationalpark Schleswig-Holsteinisches Wattenmeer

Rechtsgrundlage: Nationalpark durch Rechtsverordnung vom 1. Oktober 1985
Größe: 2850 km² mit 3 Schutzzonen
Geografische Lage: Wattenmeer vor der Küste Schleswig-Holsteins zwischen der Elbemündung im Süden und der deutsch-dänischen Grenze im Norden; die Inseln und großen Halligen gehören nicht dazu
Charakteristik: Offene und brandungsgeschützte Schlick-, Sand und Mischwattflächen, Dünen- und Strandinseln, Halligen, Priele, Buchten und Flußmündungen mit ihrer artenreichen Tier- und Pflanzenwelt; eines der vogelreichsten Gebiete der Erde

Nationalpark Vorpommersche Boddenlandschaft

Rechtsgrundlage: Nationalpark seit 1. Oktober 1990 durch Verordnung des ehemaligen DDR-Ministerrates vom 12. September 1990, durch den Einigungsvertrag bestätigt
Größe: 805 km² mit 2 Schutzzonen
Geografische Lage: Boddenlandschaft an der Ostseeküste zwischen Rostock und Stralsund: Halbinsel Darß/Zingst, Inseln Werder, Bock und Hiddensee, Westküste der Insel Rügen, Boddengewässer von Darß/Zingst und Westrügen, Ostsee bis zur 10-Meter-Wasserlinie
Charakteristik: Einzigartige Boddenlandschaft mit Nehrungen, Küstenseen, Windwatt, Salzgrasinseln und Dünentalmooren und der

typischen Tier- und Pflanzenwelt; Steil- und Flachküste mit natürlicher Dynamik; naturnahe Waldbestände; größter Kranichrastplatz Mitteleuropas

Nationalpark Jasmund

Rechtsgrundlage: Nationalpark seit 1. Oktober 1990 durch Verordnung des ehemaligen DDR-Ministerrates vom 12. September 1990, durch den Einigungsvertrag bestätigt
Größe: ca. 30 km^2 mit 3 Schutzzonen
Geografische Lage: Im Nordosten der Halbinsel Jasmund auf der Insel Rügen, nördlich von Sassnitz
Charakteristik: Kreidesteilküste sowie Teil der vorgelagerten Ostsee, naturnahe Rotbuchenwälder mit artenreicher, z.T. seltener Tier- und Pflanzenwelt; tier- und pflanzengeografisch bemerkenswerte Relikte

Nationalparkprojekt Unteres Odertal

Rechtsgrundlage: Als grenzüberschreitender deutsch-polnischer Nationalpark geplant
Größe: ca. 329 km^2 (davon 224 km^2 auf deutscher Seite, 105 km^2 auf polnischer Seite) mit 3 Schutzzonen
Geografische Lage: Am Unterlauf der Oder, zwischen Szczecin/Stettin im Norden und Hohensaaten und Cedyna/Zehden im Süden
Charakteristik: Flußauenlandschaft mit Feuchtwiesen, Seggenrieden, Röhrichten, Altwassern und Auwaldresten, die durch Seitentäler gegliedert ist; urwüchsige Laubwälder an den Randhängen, Wiesensteppen an Südhängen; typische Tier- und Pflanzenwelt

Müritz-Nationalpark

Rechtsgrundlage: Nationalpark seit 1. Oktober 1990 durch Verordnung des ehemaligen DDR-Ministerrates vom 12. September 1990, durch den Einigungsvertrag bestätigt
Größe: ca. 313 km^2 mit 3 Schutzzonen
Geografische Lage: Teil der Mecklenburgischen Seenplatte zwischen Neustrelitz und Waren, incl. Ostufer der Müritz, ehemaliges Naturschutzgebiet Serrahn östlich von Neustrelitz
Charakteristik: Eiszeitlich geprägte Landschaft mit zahlreichen, z.T. naturbelassenen Seen und Mooren sowie großflächigen Waldgebieten; großflächige Moorkomplexe am Ostufer der Müritz; Lebensraum vieler seltener Tier- und Pflanzenarten

Nationalpark Harz

Rechtsgrundlage: Nationalpark seit 1. Januar 1994 durch Verordnung vom 21. Dezember 1993
Größe: 158 km^2 mit 2 Schutzzonen
Geografische Lage: Im niedersächsischen Teil des Harzes gelegen, zwischen den Orten Braunlage, Herzberg und Bad Harzburg; grenzt unmittelbar an den Nationalpark Hochharz
Charakteristik: Bewaldetes Mittelgebirge mit Bergfichten-, Buchen- und Buchenmischwäldern, Hoch- und Übergangsmooren, Blockfeldern

und Fließgewässern sowie deren typischer Tier- und Pflanzenwelt; als Besonderheit Tier- und Pflanzenarten der boreal-montanen Verbreitung

Nationalpark Hochharz

Rechtsgrundlage: Nationalpark seit 1. Oktober 1990 durch Verordnung des ehemaligen DDR-Ministerrates vom 12. September 1990, durch den Einigungsvertrag bestätigt
Größe: ca. 58 km² mit 3 Schutzzonen
Geografische Lage: Im sachsen-anhaltinischen Teil des Harzes, um den Brocken gelegen; grenzt unmittelbar an den Nationalpark Harz
Charakteristik: Typischer Ausschnitt aus dem Harz mit überwiegend Fichtenwäldern, v. a. aber den einzigartigen Fichtenhochlagenwäldern, mit Hangmooren, subalpinen Matten und Blockfeldern sowie der typischen Tier- und Pflanzenwelt

Nationalpark Sächsische Schweiz

Rechtsgrundlage: Nationalpark seit 1. Oktober 1990 durch Verordnung des ehemaligen DDR-Ministerrates vom 12. September 1990, durch den Einigungsvertrag bestätigt
Größe: ca. 93 km² mit 2 Schutzzonen
Geografische Lage: Teil des Elbsandsteingebiets südöstlich von Dresden, an der Grenze zur Tschechischen Republik
Charakteristik: Typischer Ausschnitt des Elbsandgebiets mit naturnahen Waldgesellschaften, Tafelbergen, Steilwänden, Schlüchten und Tälern sowie der typischen, z.T. sehr seltenen Tier- und Pflanzenwelt

Nationalpark Bayerischer Wald

Rechtsgrundlage: Nationalpark seit 11. Juni 1969 durch Beschluß des Bayerischen Landtags, Eröffnung am 7. Oktober 1970
Größe: 131 km² mit 2 Schutzzonen
Geografische Lage: Im zentralen Teil des Bayerischen Waldes entlang der bayerisch-böhmischen Grenze gelegen, zwischen den Gipfeln Rachel und Lusen
Charakteristik: Bewaldetes Mittelgebirge mit z.T. urwaldähnlichen Wäldern – Bergmischwälder, Bergfichtenwälder und Aufichtenwälder mit der typischen Tier- und Pflanzenwelt - unberührten Hochmooren und Bergbächen; typische Tierarten naturnaher, weiträumiger Bergwälder

Nationalpark Berchtesgaden

Rechtsgrundlage: Nationalpark seit 1. August 1978 durch Verordnung vom 18. Juli 1978
Größe: 210 km² Nationalpark, zusätzlich ca. 250 km² Vorfeld
Geografische Lage: Nördliche Kalkalpen bei Berchtesgaden, im Südosten Bayerns an der bayerisch-österreichischen Grenze
Charakteristik: Hochgebirgslandschaft mit steilen Kalk- und Dolomitfelsen, Hangmischwäldern, subalpinen Fichtenwäldern, Krummholzzone, alpinen Rasen, Felsspalten- und Felsschuttgesellschaften mit der typischen Tier- und Pflanzenwelt

Entstehungsgeschichte der Nationalparke

Nationalparke sind nach ihrer Zielsetzung nur in Gebieten sinnvoll, die noch über weitgehend ursprüngliche Natur verfügen und in die der Mensch weder verändernd noch nutzend eingreift. Außerdem sollten sie entweder Besonderheiten in der Tier- und Pflanzenwelt, der Geologie oder Morphologie aufweisen oder über Naturlandschaften von herausragender Schönheit verfügen.

Nationalpark Jasmund

Der Nationalpark Jasmund ist unter den elf deutschen Nationalparken mit seiner Fläche von knapp 30 km² der kleinste Nationalpark, doch wegen seiner landschaftlichen Schönheit wird er von einer überaus großen Zahl von Touristen (zur Zeit etwa 1,5 Mio. Besucher jährlich) besucht. Wie alle anderen Großschutzgebiete der neuen Bundesländer wurde er durch eine Verordnung ins Leben gerufen, die auf der letzten Sitzung des Ministerrates der letzten DDR-Regierung am 12. 9. 1990 verabschiedet wurde, am 1.10. 1990 in Kraft trat und im Januar 1991 in Landesrecht übernommen wurde. Ziel dieser Verordnung ist vor allem die Bewahrung der in Norddeutschland einzigartigen Kreidelandschaft samt der naturnahen Wälder und die Wiederherstellung eines von menschlichen Eingriffen weitgehend ungestörten Ablaufes der

Blick auf die Kreideküste und die dunklen Buchenwälder der Stubnitz im Nationalpark Jasmund.

Die Kreideküste im Nationalpark Jasmund ist der größte geologische Freiluftaufschluß Norddeutschlands.

Naturprozesse auf großer Fläche sowie die Erhaltung der Pflanzen- und Tierwelt. Besondere Bedeutung gewinnt der Nationalpark nicht nur durch die in Deutschland einmalige Landschaft – die Kreideküste stellt den größten geologischen Freiluftaufschluß Norddeutschlands dar – sondern auch durch die in großen Teilen naturnahen Waldlebensräume der Stubnitz.

Verwaltet wird der Nationalpark von einer Außenstelle des Nationalparkamtes Mecklenburg-Vorpommern mit Sitz in einem Fachwerkgebäude in Stubbenkammer. Man muß jedoch beachten, daß außer dem Nationalparkamt auch andere Körperschaften mit über die Angelegenheiten des Nationalparkgebietes bestimmen: das Forstamt Werder, in dessen Zuständigkeit die Waldgebiete des Nationalparks fallen, sowie die angrenzenden Gemeinden. So gehören das Gebiet der Stubbenkammer zur Stadt Sassnitz und zur Gemeinde Lohme, der westliche Teil des Nationalparks aber zu Sagard. Der für die Lenkung der Besucher des Königs-

stuhles so wichtige große Parkplatz bei Hagen liegt auf der Gemarkung dieser Gemeinde, die aber als Ganzes nicht in den Nationalpark miteinbezogen wurde.
Die Geschichte des Naturschutzes im Gebiet des heutigen Nationalparks reicht deutlich weiter zurück als die Einrichtung des Nationalparks selbst. Die Schönheit der Kreideküste und der mächtigen Buchenwälder Jasmunds haben schon in vorigen Jahrhunderten manchen Besucher beeindruckt. Bekannt sind die vielfältigen Impressionen dieser Landschaft in den Gemälden von Caspar David Friedrich. Im letzten Jahrhundert begannen jedoch die zunehmende touristische Erschließung Jasmunds (Unterkunft in Stubbenkammer ab 1819, später Hotel; Gastwirtschaft Waldhalle; Anlage einiger Pflasterstraßen) sowie die Ausbeutung der Naturschätze (Kreideabbau) die Landschaft zu beeinträchtigen. Als am Kieler Bach, an dem zwischen 1882 bis 1893 bereits Kreide abgebaut worden war, 1926 erneut Kreide abgebaut werden sollte, erhob sich starker Protest, so daß die Pläne nicht verwirklicht wurden und Teile des heutigen Nationalparks 1929 durch eine Polizeiverordnung unter Schutz gestellt wurden. 1935 erfolgte die Ausweisung des Naturschutzgebietes Jasmund, das auch im Naturschutzgesetz der DDR 1954 bestätigt und in den 70er Jahren durch weitere angrenzende Gebiete vergrößert wurde. Zuletzt lag seine Fläche bei über 1500 ha; mit eingeschlossen war ein Streifen der küstennahen Wälder und der Bachtäler. Diese waren bereits seit Jahrzehnten zum Schutz der Kreideküste forstlicherseits besonders schonend behandelt worden und schließlich zu einem 150 ha großen Totalreservat erklärt worden, in dem keine forstlichen Eingriffe mehr durchgeführt wurden. Der heutige Nationalpark beinhaltet das ehemalige Naturschutzgebiet Jasmund als Kerngebiet, es wurde aber um einen 500 m breiten Streifen der Ostsee sowie um weitere Flächen nach Westen erweitert, die auch die seit 1986 unter Naturschutz stehenden aufgelassenen Kreidebrüche bei Quoltitz einschließen.
Bereits in den 60er Jahren gab es Anregungen zur Schaffung eines Nationalparks, die jedoch nicht verwirklicht werden konnten. Seit seiner Einrichtung hat die Nationalparkverwaltung, unter großem Einsatz und trotz zeitweise beträchtlicher Unsicherheiten bezüglich der Finanzierung, erste wichtige Schritte zur Verwirklichung der Schutzziele erreicht. Sie wird dabei unterstützt durch Umweltorganisationen wie die Stiftungen Naturschutz Hamburg und Zum Schutz gefährdeter Pflanzen sowie die Umweltstiftung WWF-Deutschland.

Nationalpark Vorpommersche Boddenlandschaft

Der Nationalpark Vorpommersche Boddenlandschaft ist der größte Nationalpark innerhalb der

neuen Bundesländer. Von seinen 805 km^2 entfallen 118 km^2 auf Land-, 687 km^2 auf Wasserflächen (Boddengebiete und Teile der Ostsee bis zu einer Wassertiefe von 10 m). Wie im Falle des Nationalparks Jasmund geht die Einrichtung auf eine Verordnung des Ministerrates der letzten DDR-Regierung zurück, die am 12.9.1990 beschlossen wurde, am 1.10. 1990 in Kraft trat und im Januar 1991 in Landesrecht übernommen wurde.

Mit der Einrichtung dieses Nationalparks wurde eine überaus vielfältige Landschaft unter Schutz gestellt; dazu gehören die geologisch jungen und mancherorts immer noch einer sichtbaren landschaftsgestaltenden Dynamik unterworfenen Bereiche der Halbinsel Darß-Zingst und die Darß-Zingster Boddenkette ebenso wie vor allem die Flachwassergebiete im Westen Rügens und die Insel Hiddensee. Vom Nationalpark ausgenommen sind die innerhalb dieses Gebietes gelegenen Gemeinden.

Die Geschichte des organisierten Naturschutzes an der Küste reicht deutlich weiter zurück als die Einrichtung des Nationalparkes. Wie an der Nordseeküste auch, begann sie an der Küste der Ostsee vielerorts zu Beginn dieses Jahrhunderts mit ersten Bemühungen zum Schutze der »Vogelinseln«. Bis in die Zeit nach dem Zweiten Weltkrieg kam der Verhinderung des illegalen Absammelns der Eier eine große Bedeutung zu. Beim Naturschutz ging es also vielfach in der Anfangsphase um die Verhinderung einer direkten Nachstellung durch den Menschen, während heutzutage die vielfältigen indirekten Folgen der menschlichen Tätigkeiten wie Lebensraumzerstörung, Freizeitdruck oder Umweltgifte zumeist eine viel größere Rolle spielen.

In den ersten Jahrzehnten dieses Jahrhunderts erhoben sich zunehmend Forderungen nach einer Unterschutzstellung wertvoller

Landschaften. 1931 hatte der schwedische Schriftsteller Bengt Berg (bekannt durch sein Buch »Mein Freund, der Regenpfeifer«) zur Schaffung eines »Urwild-Parks« auf dem Darß aufgerufen. Nach der Verabschiedung des Reichsnaturschutzgesetzes im Jahre 1935, das den Naturschutzbestrebungen eine einheitliche rechtliche Grundlage verlieh, erfolgte die Ausweisung von regulären Naturschutzgebieten, wobei sich das Interesse nicht mehr nur auf die Vogelinseln beschränkte. Im Bereich des heutigen Nationalparks wurde 1937 auf Hiddensee das Naturschutzgebiet Dornbusch eingerichtet. Zu Zeiten der DDR erfolgte die Ausweisung weiterer wichtiger Flächen als Naturschutzgebiete: Westdarß und Darßer Ort 1957, Dünenheide auf Hiddensee 1967. Auch die Vogel-

In weiten Bereichen der flachen Boddenküste trennt ein Schilfgürtel Wasser von Land.

inseln Oie und Kirr, Heuwiese und Libitz wurden zu verschiedenen Zeiten unter Schutz gestellt. Im Jahr 1979 trat die DDR dem internationalen Übereinkommen zum Schutz der Feuchtgebiete (Ramsar-Abkommen) bei. Daraufhin wurde das Gebiet »Boddengewässer Ostteil Zingst, Westküste Rügen, Hiddensee« als Feuchtgebiet internationaler Bedeutung deklariert. Diese internationale Bedeutung liegt vor allem in der Funktion dieses Gebietes als Durchzugs- und Rastplatz für einen Großteil der nordeuropäischen Kraniche sowie für viele Gänse- und Entenarten. Im Ramsar-Abkommen verpflichten sich die Unterzeichnerstaaten, für einen wirksamen Schutz der bezeichneten Schutzgebiete zu sorgen. 1988/89 wurde dieses Gebiet zusammen mit den Vogelinseln Oie und Kirr nach der EG-Vogelschutzrichtlinie als europaweit bedeutsames Vogelschutzgebiet (»Important Bird Area«) eingestuft. Alle auf dem Gebiet des heutigen Nationalparks Vorpommersche Boddenlandschaft existierenden Schutzgebiete gingen bei seiner Einrichtung in dem neuen Nationalpark auf.

Zu Zeiten der DDR spielte im Küstenraum, wie auch im Westen Deutschlands, innerhalb des Naturschutzes der Vogelschutz eine besondere Rolle. Zu erwähnen ist die Rolle der Vogelwarte Hiddensee, die zusammen mit dem Meeresmuseum in Stralsund und anderen Institutionen in der »Kommission Küstenvogelschutz« für die wissenschaftliche Betreuung der wichtigsten Schutzgebiete und die Erarbeitung und Umsetzung von Schutzzielen verantwortlich war. Die Vogelinseln wurden während der Brutzeit von ehrenamtlichen Helfern betreut.

Die Verwaltung des Nationalparks, eine Außenstelle des Nationalparkamtes Mecklenburg-Vorpommern, hat ihren Sitz im Forsthaus in Born; dort findet allerdings kein Besucherverkehr statt. Zur Verwaltung gehören die beiden Außenstellen Westrügen und Hiddensee. Mehrere Informationsstellen sind im Gebiet des Nationalparks verteilt, teilweise in Zusammenarbeit mit anderen Institutionen (Informationszentrum Wieck/Darß, Natureum Darßer Ort im Leuchtturm Darßer Ort als Ausstellung des Meeresmuseums Stralsund; Informationszentren am Parkplatz Sundische Wiese und in Barhöft bei Stralsund; Ausstellung der Naturschutzgesellschaft Hiddensee & Boddenlandschaft in Vitte/Hiddensee; Informationssystem der Umweltstiftung WWF-Deutschland auf den Fähren nach Hiddensee). Von vielen Punkten aus werden regelmäßige Führungen für Gäste veranstaltet.

Das Ziel des Nationalparks besteht darin, natürlichen Prozessen auf seiner Fläche wieder mehr Geltung zu verschaffen, die landschaftszerstörenden Eingriffe der Vergangenheit rückgängig zu machen und den menschlichen Einfluß, wo möglich, zurückzudrängen, allerdings unter Wahrung der Interessen der Anwohner des Nationalparks. Zur Erlangung dieses

langfristigen Ziels wurde die Fläche des Nationalparks in zwei Schutzzonen aufgeteilt. Die Kernzone (Schutzzone I) umfaßt die bereits naturnähesten Bereiche; sie bleibt von jeglicher Nutzung weitgehend frei. Zur Kernzone gehören große Teile des Neudarß, Darßer Ort, eine Fläche vom Osten des Zingst bis zum Hiddenseer Gellen sowie Neuer Bessin (Hiddensee) und Bug (Rügen). In den Gebieten der Schutzzone II sollen naturverträgliche Nutzungsformen und Wirtschaftsweisen zur Erprobung und Anwendung kommen, um diese Flächen ebenfalls in einen naturnahen Zustand überzuführen. Manche wertvollen Gebiete erfordern hingegen gar einen pflegenden Eingriff, will man ihren gegenwärtigen Zustand erhalten. Beispiele sind die Dünenheide auf Hiddensee oder das Salzgrünland der Insel Kirr.

Das große Schilfvorkommen auf der Halbinsel Darß/Zingst wurde zum Decken der Häuser genutzt.

Menschen in der Region

Seit Generationen bilden an der Ostseeküste Schiffahrt, Fischfang und Landwirtschaft die Eckpfeiler der menschlichen Existenz. In neuerer Zeit gewinnt der Tourismus als Einnahmequelle zunehmend an Bedeutung.

Nationalpark Jasmund

Die Besiedlungsgeschichte von Rügen beginnt vor erdgeschichtlich sehr kurzer Zeit. Erst vor 8000 bis 10 000 Jahren zogen sich die Gletscher der letzten Eiszeit (Weichselkaltzeit) zurück und hinterließen eine offene Tundra, die allmählich mit der zunehmenden Erderwärmung bewaldete. Möglicherweise hielten sich bereits zu dieser Zeit schon Menschen in kleinen Gruppen in diesem Gebiet auf. Für diese Menschen, die als Jäger und Sammler lebten, sowie für die späteren Bewohner bot die Insel ein wichtiges Naturprodukt: den Feuerstein, der sich hervorragend zum Fertigen von Waffen und Werkzeugen eignete. Rügener Feuerstein wurde schon sehr früh über weite Entfernungen gehandelt. In der Jüngeren Steinzeit rodeten die bereits seßhaften Bewohner an vielen Stellen die Wälder, die nach dem Rückzug des Eises neu entstanden waren, um Platz für den Akkerbau zu schaffen. Auch Viehzucht wurde schon betrieben.
Von diesen Kulturen sind vorwiegend nur noch die Steinwerkzeuge erhalten geblieben sowie die

Die Kreideküste auf Rügen bringt man gerne mit Caspar David Friedrich in Zusammenhang.

Auf Rügen erinnern noch viele Großsteingräber an längst vergangene Epochen; im Foto ein Großsteingrab bei Altkamp im Südosten Rügens.

»Opfersteine« und die imposanten »Hünen-« oder Großsteingräber. Diese mächtigen Grabkammern aus aufeinandergestellten, tonnenschweren Findlingen (von den Gletschern herantransportierte Großsteine) dienten als Bestattungsstätte für mehrere Menschen. Nur noch in wenigen anderen Gebieten in Deutschland ist die Dichte dieser Anlagen so groß wie auf Rügen. Ein leicht zugängliches Großsteingrab findet sich an der Pflasterstraße zum Gasthaus Waldhalle, ein weiteres (das Pfenniggrab) in der Nähe des Herthasees. Das Hügelgrab jedoch, über das der Zugang zum Königsstuhl führt, ist jüngeren Datums; es stammt aus der Eisenzeit (ca. 500 v. Chr. – 500 n. Chr.). Auch die nachfolgenden Kulturen, die aufgrund der Benutzung von Bronze zur Werkzeugherstellung als »Bronzezeit« zusammengefaßt werden (etwa 1800 – 600 v. Chr.), legten als Grabanlagen mächtige Grabhügel an, deren größter der Dobberworth bei Sagard ist.

Wahrscheinlich nahm die Besiedlungsdichte der Insel während der Völkerwanderungszeit in den ersten nachchristlichen Jahrhunderten wieder ab. Greifbarer wird die menschliche Anwesenheit auf der Insel erneut mit der Besiedlung durch slawische Völker seit dem 6. Jh. n. Chr. Sie hinterließen mächtige Burgwallanlagen, die in Kriegszeiten der Bevölkerung eines Landstriches Zuflucht gewährten oder (wie im Falle der Jaromarsburg bei Kap Arkona) als religiöses Zentrum dienen konnten. Zwei gut zugängliche Anlagen dieser Art befinden sich im Nationalpark Jasmund: Die Herthaburg liegt direkt am Rande des Herthasees, eine zweite, weniger auffällige Burgwallanlage befindet sich am »Hengst« nördlich von Sassnitz am Hochuferweg. Das am längsten überdauernde Erbe der slawischen Besiedlung sind die Ortsnamen slawischen Ursprungs, die vorwiegend auf -itz, -ow und -in enden. Die vorgeschichtlichen Grabanlagen und die Reste slawischer Besiedlung regten zu der Entstehung mancherlei Sagen von verborgenen Schätzen an, wie sie von dem auf Rügen geborenen Dichter und Historiker Ernst Moritz Arndt im vergangenen Jahrhundert niedergeschrieben wurden.

Im Jahre 1168 eroberten die Dänen die Insel und machten die slawischen Fürsten lehenspflichtig; gleichzeitig begann die christliche Missionierung Rügens. Mit der zunehmenden Besiedlung der Insel durch deutschsprachige Siedler ab dem 12. Jh. verschwanden slawische Sprache und Kultur. Im 14. Jh. gelangte die Insel unter die Herrschaft der pommerschen Herzöge, im Westfälischen Frieden 1648, am Ende des furchtbaren Dreißigjährigen Krieges, fiel Rügen mit dem heutigen Vorpommern an Schweden, um 1815 an Preußen zu gelangen. Kurz zuvor, im Jahre 1806, war die Leibeigenschaft abgeschafft worden, die schwer auf der ländlichen Bevölkerung gelastet hatte, wie dies Ernst Moritz Arndt beschrieb. Eine wirtschaftliche Umwälzung erfolgte in der zweiten Hälfte des letzten Jahrhunderts mit dem aufkommenden Bäderbetrieb. Waren vorher Landwirtschaft und Fischfang die Haupterwerbszweige auf der Insel gewesen, so gesellte sich nun der aufkeimende Tourismus hinzu, der dazu führte, daß diese Landschaft im Laufe der Zeit Millionen von Besuchern in ihren Bann schlug. Vor allem die Orte der Ostküste Rügens entwickelten sich zu mondänen Badeorten, wie dies heute noch an der Architektur zu sehen ist.

Die Stubnitz, wie die Waldlandschaft des heutigen Nationalparks genannt wird, spielte eine Sonderrolle im wechselvollen Verlauf der Rügener Geschichte. Hier – entlang der Kreideküste – konnte sich einer der letzten großen Waldreste der Insel erhalten, während fast alle übrigen Waldflächen Rügens (mit Ausnahme Granitz) in Kultur genommen wurden. Kernbereiche der Stubnitz sind vermutlich nie vom Menschen gerodet worden. Trotzdem weisen die Wälder der Stubnitz eine lange

In der Stubnitz, der Waldlandschaft des heutigen Nationalparks Jasmund, hat sich einer der letzten großen Waldreste der Insel Rügen erhalten. Trotz menschlicher Nutzung sind die Buchenwälder naturnah geblieben.

Geschichte menschlicher Einflußnahme auf. Unter der Herrschaft der Pommernherzöge waren sie landesherrliches Jagdgebiet. Überdies muß man sich klarmachen, daß sie in vielfältigster Weise über Jahrhunderte so intensiv genutzt wurden, wie man sich dies heute nur schwer vorstellen kann. Bis weit in die Neuzeit hinein war Holz universales Nutzmaterial und unverzichtbarer Energielieferant. Die auch in Jasmund betriebene Köhlerei verschlang enorme Holzmengen. Die Wälder Jasmunds deckten lange Zeit den Holzbedarf der Halbinseln Jasmund und Wittow. Außerdem wurde das Vieh – sowohl Klein- als auch Großvieh – auf die »Waldweide« in den Wald getrieben, wo es sich von Jungpflanzen, Samen und Laub ernährte und so die Wälder auflichtete.

Bereits 1586 wurden die ersten Waldschutzgesetze erlassen, um den Raubbau zu kontrollieren. Die Zugänge zu den Wäldern der Stubnitz wurden gesperrt; in den sogenannten »Baumhäusern« bei Buddenhagen, Hagen, Rusewase und Schwierenz residierten die »Waldgrafen«, die über die Einhaltung der Nutzungsbeschränkungen wachten. Unter der Schwedenherrschaft, während der die Stubnitz als Kronwald direkt der staatlichen Verwaltung unterstand, wurden diese Maßnahmen fortgesetzt; ihre Durchführung erwies sich aber als sehr schwierig. Erst im vergangenen Jahrhundert wurde durch die preußische Forstverwaltung eine im heutigen Sinne geregelte Forstwirtschaft eingeführt, die einherging mit der Aufforstung durch standortfremde Baumarten. Der letzte großflächige Holzeinschlag fand nach 1945 im Rahmen von Reparationsleistungen statt.

Der größte Teil der Stubnitz Wälder ist bis in die Gegenwart hinein forstlich genutzt worden, wenn auch auf eine Art und Weise, die zu recht »naturnahen« Wäldern geführt hat. Manche Bereiche – etwa die Steilhänge der Küsten – konnten nie intensiv bewirtschaftet werden und stellen damit weitgehend »Naturwälder« dar. Die zukünftige forstliche Behandlung der Wälder muß zwischen der Nationalparkverwaltung und der Forstverwaltung abgesprochen werden. Ziel der Nationalparkverwaltung ist – dem Schutzgedanken entsprechend – die natürliche Entwicklung der Wälder ohne jegliche menschliche Eingriffe wie forstliche Aktivitäten. Zu diesem Zweck steht ein Pflege- und Entwicklungsplan kurz vor der Bestätigung (übrigens der erste für die deutschen Nationalparke), in dem die Behandlungsmaßnahmen festgelegt sind.

Nicht nur die Wälder, sondern auch die Offenflächen im Nationalpark erfuhren vielfältige Einflüsse durch den Menschen, etwa die Entwässerung der feuchten Niederungen, um Flächen für Wiesen und Weiden zu gewinnen. Auch durch indirekte Einflüsse menschlicher Tätigkeit kam es vielerorts zur Absenkung des Grundwasserstandes und zum Austrocknen der wertvollen Feuchtgebiete. Diese Entwicklun-

gen sollen in der Zukunft, wo möglich, wieder rückgängig gemacht werden.
Während die Nutzung der Wälder der Stubnitz eine lange Geschichte hat, sind andere Nutzungsformen jüngeren Datums. Im letzten Jahrhundert wurde eine große Anzahl von Großsteinen vom Strand- und Flachwasserbereich der Küste zum Bau der Mole in Sassnitz entnommen; da diese Steine als natürliche Wellenbrecher fungiert hatten, konnte das Wasser der Ostsee nun ungehindert am Fuß der Steilküste nagen und diese stark beeinträchtigen.
Mit der beginnenden Industrialisierung stieg die Nachfrage nach Rügener Schreibkreide, so daß sowohl innerhalb des heutigen Nationalparks (Kieler Bach, Quoltitz) als auch außerhalb der Parkgrenzen (Sassnitz, Wittenfelde) Kreidebrüche angelegt wurden. Wie bereits beschrieben, bildete die im Jahr 1926 geplante Wiederaufnahme des Kreideabbaus am Kieler Bach den Anlaß für die erste gesetzliche Naturschutzmaßnahme, die diesen Landschaftseingriff verhinderte. Andererseits haben sich die vor ca. 40 Jahren aufgelassenen Kreidebrüche zu wertvollen »Ersatzbiotopen« gewandelt, die vielen Tier- und Pflanzenarten offener, trockener Standorte Lebensraum bieten. Um diesen zu erhalten, müssen jedoch mit pflegerischen Maßnahmen die langsam aufkommenden Sträucher unterdrückt werden. Hier muß also ausnahmsweise einmal gegen den »Lauf der Natur« gehandelt werden.

Einen außerordentlichen Einfluß auf die Entwicklung der Stubnitz nahm und nimmt der Tourismus. Schon im letzten Jahrhundert zog es Künstler und Wissenschaftler, später auch begüterte Bürger an die Kreideküste. Die Besucherzahlen schwollen an, als Ende letzten Jahrhunderts der Badetourismus in Sassnitz aufblühte und der Königsstuhl für die Gäste zum Ausflugsziel wurde. Unser Jahrhundert sah noch einmal eine gewaltige Erhöhung der Besucherzahlen; aus Zehn- wurden Hunderttausende, und heute wird der Nationalpark von jährlich etwa 1,5 Mio. Menschen aufgesucht. Eine der vordringlichsten Aufgaben der Nationalparkverwaltung ist daher die Besucherlenkung durch eine Wege-Infrastruktur sowie durch ein Angebot an Führungen und Informationsmaterial. Nach Errichtung des Nationalparks und dem Bau des Parkplatzes bei Hagen gelang es, den gestiegenen PKW-Verkehr von der Stubbenkammer fernzuhalten und durch einen Pendelbusverkehr zu ersetzen – eine unumgängliche Maßnahme, um ein Besucher- und Verkehrschaos zu verhindern, und ein erster Schritt, um den Ruhecharakter des Nationalparkgebietes stärker auszuprägen.
Es bestehen Pläne, das ehemalige Militärgelände der NVA in Stubbenkammer, das derzeit nicht genutzt wird, in ein touristisches Infrazentrum für die Besucher des Königsstuhles umzuwandeln; dort soll dann auch ein Informationszentrum über den Nationalpark entstehen. Daneben

wird es auch Imbiß- und Andenkenläden geben.
Die Regulierung des Besucherstroms stellt größte Herausforderungen an die Nationalparkverwaltung und führt sicherlich zu manchen Interessenskonflikten.

Sagen und Geschichten

In einer so geschichtsträchtigen Gegend haben sich natürlich auch einige Sagen erhalten. Eine davon rankt sich um die Entstehung des Namens »Königsstuhl«: Die Herkunft des Namens ist allerdings nicht ganz geklärt; einer Version zufolge soll von dieser Stelle aus der schwedische König Karl XII. im Jahre 1715 eine Seeschlacht mit der dänischen Flotte beobachtet haben, aber der Name ist bereits aus dem Jahre 1584 verbürgt. Eine romantischere Version will es, daß demjenigen, der den steilen Kreidefelsen vom Strand her erstieg, die Königswürde verliehen wurde.
Eine weitere Sage befaßt sich mit dem Herthasee. »Hertha« (Nerthus) ist der Name einer bei Tacitus erwähnten Germanengöttin. Der Sage nach pflegte die Göttin im See zu baden, danach wurden alle ihr assistierenden Diener und Dienerinnen in den »unergründlichen Wassern« des Sees ertränkt. Ein Gelehrter des 17. Jh. sah im Herthasee den Platz, an dem der Kult dieser Göttin betrieben worden sein soll; aus dieser (völlig unbewiesenen) Behauptung erwuchs vor allem im vergangenen Jahrhundert eine reiche Sagenwelt, aufgrund derer ältere Ortsbezeichnungen für den heutigen Herthasee, etwa Schwarzer See oder Borgsee (= Burgsee) nicht mehr verwendet wurden.
Im flachen Wasser am Fuß des Königsstuhles befindet sich ein großer Findling, der Waschstein heißt. Diesen Namen trägt er von einer Jungfrau, die dort alle sieben Jahre um den Johannistag ihre Wäsche wäscht und auf Erlösung hofft. Ein junger Mann muß einen bestimmten Spruch sagen, daraufhin führt die Jungfrau ihn zur Belohnung in eine Höhle in der Uferschlucht, in der sich ein großer Schatz befindet.
Manche Geschichten bringen den Piraten Klaus Störtebeker mit Rügen in Verbindung, da er möglicherweise auf der Insel geboren wurde und seine »Karriere« hier begann. Störtebeker war Anführer der Vitalienbrüder, die als Seeräuber ihr Unwesen vor allem in der Ost- und Nordsee trieben. In der Nähe der beiden Kreidepfeiler Königsstuhl – Feuerregenfelsen soll er in einer Uferschlucht seinen Schatz versteckt haben. Der Sage nach wird dieser von einer Jungfrau bewacht, die auf dem Waschstein ihre Wäsche wäscht. Eines Tages soll sie ein junger Mann mit den Worten »Gott helf« begrüßt haben; daraufhin führte sie ihn zu dem Schatz. Während er diesen noch betrachtete, kamen schwarze Gesellen in die Höhle, die alle ihren Kopf unter dem Arm trugen, und gruben im Schatz und zählten ihn. Es sollen Störtebeker und seine Gesellen gewesen sein, die wegen vieler Untaten hingerichtet worden waren.

Nationalpark Vorpommersche Boddenlandschaft

Im Gegensatz zu den Verhältnissen auf der Insel Rügen sind vorgeschichtliche Funde auf der Halbinsel Darß/Zingst nur sehr spärlich vorgefunden worden. Dies braucht nicht weiter zu überraschen, da Rügen wesentlich größer ist. Die Besiedlung des Gebietes folgte in den Grundzügen dem Muster Rügens. Jahrhunderte hindurch lebten die Menschen auf Darß und Zingst und der Insel Hiddensee von Fischfang und einer bescheidenen Landwirtschaft. Als Bestandteil des heutigen Vorpommerns kamen die Gebiete von Darß, Zingst und Hiddensee nach schlimmen Verwüstungen im Dreißigjährigen Krieg 1648 an Schweden, während das südlich vom Darß gelegene Fischland (der »Stiel« der Halbinsel, die damals jedoch noch aus getrennten Inseln bestand) als Teil Mecklenburgs dieses Schicksal nicht teilte. Die Grenze verlief zwischen den Ortschaften Ahrenshoop und Althagen.

Ab Mitte des 18. Jh. nahmen die Ortschaften auf der Halbinsel und am Barther Bodden, die seit 1815 zu Preußen gehörten, einen gewaltigen wirtschaftlichen Aufschwung durch den Seehandel. Boddenseitig besaßen die Ortschaften ruhige Naturhäfen; durch die Durchlässe zwischen den damals noch existierenden Inseln (etwa über den Prerowstrom zwischen Darß und Zingst) war ein schneller Zugang zum Meer

Aufgelassener Kreidebruch bei Neu Mukrau auf Rügen. Beim Abbau der Kreide bleibt der Feuerstein übrig, der sich aus den in der Kreide befindlichen Kieselschwämmen entwickelte.

gewährleistet. In Dutzenden von kleinen Werften wurden hochseetüchtige Schiffe gebaut, und ein Großteil der männlichen Bewohner der Ortschaften fuhr im Ostsee- oder Fernhandel zur See. Der Wohlstand, den diese Blütezeit der Weltverbundenheit der kleinen Ortschaften für manche mit sich brachte, ist noch heute an manchen Häusern zu sehen. Mit dem Aufkommen der Dampfschiffe und der Verlagerung des Handels an die Welthäfen der Nordseeküste in der zweiten Hälfte des 19. Jh. verarmten die Ortschaften von Darß und Zingst wieder, bis gegen Ende des Jahrhunderts der aufkommende Badebetrieb und Fremdenverkehr neue Einkunftsmöglichkeiten schuf.

Eine gewisse Bedeutung bei der Popularisierung der Gebiete spielten hierbei Künstler (etwa die Ahrenshooper Künstlerkolonie Anfang des 20. Jh.), die die Ortschaften zu ihrem Domizil machten. Hiddensee galt in den 20er und 30er Jahren geradezu als »Künstler-Dorado«, auch »Capri des Nordens« bezeichnet. Der Fremdenverkehr brachte manche Verbesserung in der Infrastruktur, wie den Bau der Bahnlinie Barth-Prerow im Jahre 1910 (die Bahn wurde nach 1945 als Reparationsleistung abgebaut) oder die Einrichtung eines regelmäßigen Schiffsverkehrs nach Hiddensee im Jahre 1887 (vorher war jahrhundertelang der Fährverkehr zwischen Hiddensee und Rügen mit kleinen Booten über die Fährinsel zwischen Vitte und Neuendorf abgewickelt worden).

Der Fremdenverkehr ist heutzutage mit Abstand die wichtigste Einkommensquelle für die Bewohner der umliegenden Nationalpark-Gemeinden; allerdings befinden sich diese Gemeinden gegenwärtig in einer schwierigen Situation des Umbruchs. Die vorhandenen Unterkünfte müssen durch Investitionen auf den international üblichen Standard gebracht und neue Gäste angezogen werden, möglichst auch im Winterhalbjahr. Die Nationalparkverwaltung ihrerseits muß dafür sorgen, daß durch eine Besucherlenkung gewährleistet wird, daß die Kernzonen des Nationalparks entlastet werden. Dies ist besonders wichtig auf der Insel Hiddensee, die einem sehr großen Besucheransturm ausgesetzt ist: 1993 besuchten 750 000 Menschen die Insel, davon waren 85% Tagesbesucher. Der Nationalpark spielt bei den Bemühungen zur Unterstützung eines »sanften« und möglichst naturverträglichen Tourismus' eine wichtige Rolle, indem er den Besuchern gegenüber die besondere Eigenart und den Naturreichtum des Nationalparks ins Bewußtsein ruft. Es ist in dieser Hinsicht vom Nationalpark in Zusammenarbeit mit den betroffenen Gemeinden bereits viel bei der Ausschilderung von Wegen, dem Bau von Beobachtungsständen und Informationszentren und der Organisation von Führungen geleistet worden.

Der Darßwald, mit etwa 6000 ha eines der größten geschlossenen Waldgebiete an der deutschen Ostseeküste, ist durch die Jahr-

hunderte intensiv genutzt worden, oftmals in Form eines Raubbaues: als Quelle für Holz, zur Herstellung von Holzkohle, als Weidegebiet für das Vieh im Zuge der bis ins letzte Jahrhundert üblichen Waldweide. Der »Theerbrennersee« südlich des Leuchtturms Darßer Ort weist ebenso wie die an vielen Kiefern deutlich sichtbaren Narben auf die Gewinnung von Kiefernharz bis in die jüngste Vergangenheit hin. Besonders der südliche Teil des Darßwaldes, der sogenannte »Altdarß«, mußte unter Phasen des Raubbaues leiden. Die früher wahrscheinlich dort großflächig vorhandenen Buchenwälder verschwanden bis auf kleinere Bestände. Heutzutage finden sich auf dem Altdarß zumeist künstliche Forste (vielfach Kiefernforste), während der nördliche Teil, der »Neudarß«, naturnä-

Der Darßer Wald ist mit etwa 6000 Hektar eines der größten geschlossenen Waldgebiete an der deutschen Ostseeküste.

her geblieben ist. Die frühe Phase geregelter Forstwirtschaft im Darßwald, die im letzten Jahrhundert begann, ist mit dem Namen des langjährigen Forstmeisters Ferdinand Freiherr von Raesfeld verbunden; dessen Grab liegt in der Nähe des »Großen Stern«.
Bereits seit den Zeiten der Schwedenherrschaft wurden die tiefgelegenen und lange Zeit recht unzugänglichen Waldgebiete des Neudarß mittels Entwässerungsgräben zunehmend trockengelegt. Zu Zeiten der DDR waren große Teile des Darßwaldes für die Öffentlichkeit gesperrt und der Staatlichen Jagdwirtschaft vorbehalten. Ziel des Nationalparks ist nun, dem Wald insgesamt wieder eine eigenständigere und naturnähere Entwicklung zu ermöglichen, so daß sich im Laufe langer Zeiträume erneut ein Naturwald entwickeln kann.
Ein ähnliches Schicksal wie der Darßwald erlitt das Waldgebiet des Osterwaldes und der Sundischen Wiese auf dem Zingster Teil der Halbinsel. Hier waren die Entwässerungsmaßnahmen noch einschneidender. Früher war das Waldgebiet so feucht gewesen, daß sich sogar ein kleines Hochmoor hatte bilden können, das für eine gewisse Zeit zur Torfgewinnung ausgebeutet wurde.
In den letzten 120 Jahren änderten die Landschaften von Darß und Zingst besonders stark ihr Gesicht. Nach einer verheerenden Sturmflut 1872 wurden große Flächen im Umfeld der Ortschaften sowie die Sundische Wiese im südlichen Bereich der damaligen Insel Zingst eingedeicht und teilweise mit Schutzwaldstreifen versehen; der Prerowstrom wurde abgeriegelt, der Zingst somit an die Halbinsel angeschlossen. Die Sundische Wiese, bisher ein von jährlichen Überschwemmungen beeinflußtes Salzgrasland, war nun dem freien Einfluß des Boddenwassers entzogen und süßte allmählich aus. Ein noch gravierenderer Einschnitt kam im Jahre 1963 dazu, als im Zuge der Intensivierung der Landwirtschaft die vorher nur extensiv beweideten Grünlandflächen der Sundischen Wiese und des Darßes weiter eingedeicht, umgebrochen und mittels eines Grabensystems noch stärker entwässert wurden. Die intensive Landwirtschaft und Rinderzucht des neuen »Volkseigenen Gutes Darß/Zingst« belastete durch den Düngereinsatz und die Güllewirtschaft den Bodden und die Boddengewässer in erheblichem Maße. Die plötzlich enorm gesteigerte Nährstoffzufuhr führte zu einer Überdüngung (Eutrophierung) der Bodden, der Sauerstoffgehalt der Gewässer nahm ab, die Fischbestände wurden gefährdet. Nach Einrichtung des Nationalparks und dem Ende der intensiven Landwirtschaft in der Sundischen Wiese und dem Raum Darß sollen die ehemaligen Salzwiesen nun wieder renaturiert werden.
Hierfür ist langfristig ein schrittweiser Rückbau sowohl der Entwässerungsgräben als auch der Deichlinie notwendig, damit die Sundische Wiese wieder dem freien Einfluß der Boddengewäs-

ser geöffnet werden kann und sich sowohl der Boden als auch die Boddengewässer regenerieren. Von einem eventuellen Rückbau der Deichlinie wären selbstverständlich die ortsnahen Deiche ausgenommen, um die Siedlungen nicht zu gefährden.

Die Situation der Landwirtschaft in den im oder am Nationalpark gelegenen Gebieten nach der Eingliederung in die internationalen Agrarmärkte stellt sich als schwierig dar. Eine Chance des Erhaltes landwirtschaftlicher Nutzung liegt in der Entwicklung einer naturverträglichen, weniger intensiven Produktion, die eine landschaftserhaltende Funktion erfüllt.

Eine Nutzung der Landschaft besonderer Art war militärischer Natur. Große Bereiche des heutigen Nationalparks waren lange Zeit für die Öffentlichkeit gesperrt, da sie militärisch genutzt wurden, in manchen Fällen bereits seit den ersten Jahrzehnten dieses Jahrhunderts. Selbst das Naturschutzgebiet am Darßer Ort, das seit 1957 bestand, wurde bald von der NVA in die militärische Zone miteinbezogen. In den 70er Jahren errichtete die Armee entgegen der Naturschutzgesetzgebung eine Bungalowsiedlung, die mittlerweile wieder abgerissen werden konnte. Der frühere Militärhafen im Ottosee am Darßer Ort (1962 gebaut), heute in der Kernzone des Nationalparks gelegen, wird gegenwärtig von der Umweltstiftung WWF-Deutschland als Nothafen betrieben, um Bestrebungen, hier einen Seglerhafen einzurichten, zuvorzukommen; es sind Überlegungen zu einem alternativen, weniger naturschädigenden Standort im Gange.

Auch auf Zingst befand sich seit Jahrzehnten ein als Schießplatz genutztes Militärgelände. Weitere militärische Anlagen, die teilweise bereits rückgebaut werden konnten, befanden sich auf Hiddensee und auf dem Bug auf Rügen. Mittlerweile hat sich die Bundeswehr aus allen derartigen Einrichtungen zurückgezogen, so daß die Flächen allmählich renaturiert werden können.

Es darf nicht vergessen werden, daß der Nationalpark Vorpommersche Boddenlandschaft weitaus überwiegend aus Wasserflächen besteht, die einerseits die flachen Boddengewässer andererseits küstennahe Bereiche der Ostsee umfassen. Diese Gewässer sind fischreich und erfüllen vielerorts die Funktion einer »Kinderstube« für Fische, sind aber auch sehr verletzlich. Die Wasserqualität, besonders der Boddengewässer, hat in den letzten Jahrzehnten durch die Überdüngung mit Abwässern aus Siedlungen und Landwirtschaft rapide abgenommen; dies wirkte sich auch auf die Fischbestände aus. Dem Nationalpark stellt sich hier die Aufgabe, dabei mitzuwirken, daß die reiche Naturausstattung und die Naturnähe der Gewässer erhalten bleiben. Zu den notwendigen Maßnahmen gehören etwa die Behandlung der kommunalen Abwässer in allen Anliegergemeinden ebenso wie die Organisation einer naturschutzgerechten Nutzung der Boddenwiesen.

Die Natur in den Nationalparken

Eine Reise entlang der Ostseeküste offenbart, welche landschaftlichen Schätze dieser Teil Deutschlands noch zu bieten hat. Sandige Flachküsten mit Dünenvegetation und ruhige Bodden werden unterbrochen von hohen Kliffs mit dunklen Buchenwäldern, Strandseen und Nehrungen wechseln ab mit einem Gewirr von Inseln und Halbinseln. Diese Vielfalt an Landschaftsformen ist sowohl ein Erbe der Eiszeit als auch ein Gemeinschaftswerk von Wind und Wasser.

Als Besonderheit sticht Rügen hervor, das kann man bereits bei einem flüchtigen Blick auf die Landkarte erkennen. Deutschlands größte Insel zeigt sich als eine Insel mit geradezu verwirrender Form, ein Konglomerat von einzelnen kompakten Bestandteilen, die über für das Auge kaum sichtbare Landbrücken miteinander in Verbindung stehen. Dieser kryptische Umriß, der zunächst wie ein willkürlich zusammengefügtes vielteiliges Puzzle anmutet, ist tatsächlich ein Ganzes – das bemerkt man aber erst nach einer gewissen Zeit.

Diese äußere Widersprüchlichkeit kann als das »Grundmotiv« Rügens angesehen werden, ein faszinierendes Nebeneinander von »reifen« Landschaften neben solchen, die gerade im Entstehen sind, fragile Gebilde aus Dünensand und Dornbüschen. Rügen ist

Am Fuße der Sandsteilküsten lösen Brandungswellen Material heraus, das vom Meer weitertransportiert wird und andernorts in Form von Sandhaken ablagert wird.

In die Kreide eingebettet sind die versteinerten Überreste von Korallen, Muscheln, Belemniten und Seeigeln (Foto). Mit etwas Glück kann man unterhalb der Kreideküste solche Fossilien entdecken.

nicht nur Deutschlands größte, sondern auch vielgestaltigste Insel. Es ist daher nicht sehr erstaunlich, daß sich auf dieser gerade 926 km^2 großen Fläche neben einem Biosphärenreservat und weiteren Naturschutz- und Landschaftsschutzgebieten auch ein Nationalpark befindet. Es ist dies der mit 30 km^2 kleinste Nationalpark Deutschlands.

Die Westküste Rügens sowie einige der vorgelagerten Inseln gehören zu einem zweiten Nationalpark, dem Nationalpark Vorpommersche Boddenlandschaft, der mit einer Fläche von 805 km^2 zu den größten Nationalparken im wiedervereinigten Deutschland gehört.

Geologischer Abriß des Gesamtgebietes

Der Nationalpark Vorpommersche Boddenlandschaft umfaßt nicht nur den westlichen Küstenbereich Rügens mit seinen »Ablegern« Ummanz und Hiddensee, sondern auch die weiter westlich gelegene hakenförmige Halbinsel Darß und Zingst sowie einige kleinere Inseln. Der überwiegende Teil dieses Großschutzgebietes wird jedoch von ausgedehnten brackigen Wasserflächen eingenommen, den »Bodden«. Diese Lagunen sind sehr seicht – vielerorts nicht einmal 1 m tief. Das Meer ist bis hierher auch erst vor etwa 7000 Jahren vorgedrungen.

Langsam und allmählich entstand in dem Gebiet, das unter dem Eispanzer der Weichsel-Kaltzeit begraben war, zunächst durch Abschmelzprozesse ein flacher Süßwassersee, bevor sich von Westen her das Salzwasser Bahn brach. Die eiszeitlich überprägte Landschaft mit seinen Moränenkuppen und Senken wurde der erodierenden und zugleich aufbauenden Wirkung des Wellenschlages unterworfen. Das Meer nagte an aufragenden Inselkernen, transportierte das Material mit den verschiedenen Strömungen ab und lud es an Stellen wieder ab, wo infolge der geringeren Tiefe die Transportkraft des Wassers nachließ. Es entstanden auf diese Weise ausgedehnte Sandbänke, die nach und nach zu flachen Landzungen, den für die vorpommersche Landschaft charakteristischen »Haken« wurden. An ihnen konnte nun der Wind ansetzen und sie weiter zu Strandwällen (»Reffen«) aufbauen. Im Zusammenspiel mit der aufkommenden Pioniervegetation bildeten sich stellenweise über 10 m hohe Dünen. In den leeseitigen Tälern (»Riegen«) konnten sich kleine Vermoorungen, teilweise auch Strandseen entwickeln – eine amphibische Landschaft, die in dieser Form für ganz Deutschland einmalig ist. Der mit der Hakenbildung einhergehende Landgewinn vollzieht sich außerordentlich rasch und ist auch heute noch nicht beendet. Bekannte Beispiele dafür sind etwa das Gebiet um den Darßer Ort oder die Halbinsel Neubessin auf Hiddensee, die sich in den vergangenen 30 Jahren um stolze 500 m verlängert hat. Wächst ein solcher sandiger Haken weiter, so kann irgendwann aus ihm eine »Nehrung« entstehen, eine schmale Landverbindung zwischen zwei höhergelegenen Festlandteilen oder Inseln. Diese Bildungen sind verantwortlich für den Formenreichtum des Gebietes.

Verglichen mit der Dynamik der Bodenlandschaft wirkt die Halbinsel Jasmund geradezu festgefügt und behäbig. Und dennoch greift das Meer hier genauso verändernd ein, wenn auch in erster Linie abtragend. Die atemberaubend steilabfallenden Kreidekliffs werden bei Hochwasser beständig vom Meer angegriffen, andererseits lagert das Meer aber auch Geröllmassen am Kliffuß an und um

Die weltberühmten Kreidefelsen der Stubnitz datieren aus der gleichnamigen geologischen Epoche, der Oberkreide, und sind etwa 70 Mio. Jahre alt. Es ist kaum zu glauben, daß die bis über 100 m aufragenden Kreidefelsen die Überreste von unzählig vielen mikroskopisch kleinen Einzellern (zumeist den sog. Coccolithen) darstellen, deren Kalkskelette sich am Grunde einer Meeresstraße am Ausgang der Kreidezeit (vor etwa 70 Mio. Jahren) ansammelten Diese Meeresstraße trennte Skandinavien von Mitteleuropa. Trotz der langsamen Sedimentation, die pro Jahr vielleicht einen halben Millimeter betrug, konnten sich im Laufe von Jahrmillionen die imposanten Kreideschichten aufbauen. Die kalkigen Reste der Zellwände dieser einzelligen Organismen bilden das Grundgerüst der sogenannten »Schreibkreide«, daneben enthält die Kreide auch versteinerte Überreste von Korallen, Muscheln, Seeigeln und Belemniten. Die ebenfalls in der Kreide vorhandenen Kieselschwämme lieferten die Kieselsäure, aus der sich der in Bändern oder Lagen angeordnete knollige Feuerstein entwickelte, der auch Bestandteil des Ufergerölls ist. Die Kreideablagerungen wurden von den heranrückenden Gletschern während der letzten Eiszeit überfahren, gestaucht und mit einer Moränendecke überzogen. So waren letzlich auch hier die Eismassen, die Schmelzwässer und das rückkehrende Meer die Landschaftsarchitekten, die das heutige Rügen schufen. Noch vor etwa 6000 Jahren bestand Rügen zunächst aus einer Reihe von Inseln (Jasmund war eine von ihnen); im Laufe der Zeit wurden sie erst zur heutigen Inselform umgebildet. Dieser Prozeß ist freilich immer noch nicht abgeschlossen.

Die Naturräume im Nationalpark Jasmund

Trotz seiner für einen Nationalpark geringen Größe bietet der Nationalpark Jasmund eine große Vielfalt von Lebensräumen: verschiedene, meist naturnah erscheinende Waldgesellschaften neben waldfreien Mooren, Feuchtwiesen und aufgelassenen Kreidebrüchen, feucht-kühle Bachtäler und trockene, offene Kreidehänge, Fließ- und Stillgewässer sowie ein in der Abtragung befindliches Kliff. Ein wesentlicher Grund für diese Vielfalt ist in der Geologie des Gebietes zu sehen.

Bei einer Durchquerung Rügens von Süd nach Nord wird man bemerken, daß nördlich der Kreisstadt Bergen langgestreckte und deutlich erkennbare Höhenzüge den Übergang von der Grundmoränenlandschaft des südlichen Rügen zur Endmoränenlandschaft des Nordteiles markieren. Im östlichen Teil Jasmunds kommen als weiteres Landschaftselement kreidezeitliche Ablagerungen hinzu, die zur Oberfläche des Landes emporstoßen. Diese Kreideformation erstreckt sich unterirdisch weit nach Süden, aber nur hier im nördlichen Teil Rügens ist sie großflächig an der Oberfläche sichtbar und bildet eine der Hauptattraktionen des Nationalparks Jasmund, die Kreideküste.

In der Kreide »eingebacken« finden sich die fossilen Überreste einer Vielzahl von zur gleichen Zeit lebenden Meeresorganismen: Schwämme, Seeigel, Seesterne, Muscheln und Belemniten (die sog. Donnerkeile), die Überreste ausgestorbener Kopffüßer (Tintenfische). Lagenförmig durchziehen Feuersteinknollen die Kreide. Feuersteine sind siliziumhaltige Abscheidungen, die auf noch nicht ganz geklärte Weise aus den Überresten von Meeresorganismen (besonders aus Kieselschwämmen) entstanden. Sehr

große und in der Mitte durchlöcherte Feuersteine sind als »Sassnitzer Blumentöpfe« bekannt. Durch die andauernde natürliche Abtragung der Kreideküste kommen vor allem Feuersteine am Strand zu liegen.

Doch woher stammen die sonstigen, in der Größe wechselnden, abgeschliffenen Gesteine am Strand? Entlang der Kreideküste wechseln sich die steil aufragenden Kreidefelsen ab mit stärker eingebuchteten Bereichen, in denen ein anderes Material ansteht. Bei diesem »Geschiebemergel« handelt es sich um erdgeschichtlich sehr viel jüngere, eiszeitliche Ablagerungen aus tonigem oder sandigem Material und Gesteinsschutt, in das vom Gletschergang glattgeschliffene Gesteine (Geschiebe) eingelagert sind, deren Herkunftsort fast immer in Skandinavien oder auf dem Ostseegrund liegt. Diese Gesteine bilden mit dem Material aus der Kreide die Blockstrände. Die späteiszeitlichen Ablagerungen, die vielerorts im Nationalpark die darunterliegende Kreide verdecken, erodieren an der Küste auf eine ganz andere Weise als die Kreide und bilden, da sie eher zu Rutschungen neigen, meist flachere Abtragungshänge, die bis zum

In kleineren Gewässern leben Tellerschnecken, die zur Familie der Wasserlungenschnecken gehören. Sie faszinieren durch ihr formvollendetes gewundenes Gehäuse.

Im Frühjahr kann das Sonnenlicht durch die noch unbelaubten Kronen der Buchen bis auf den Boden vordringen. Dann überziehen Frühblüher wie das Leberblümchen den Waldboden in der Stubnitz mit einem dichten Blütenteppich.

Meer hinabreichen. Da durch den Druck des Eises und wahrscheinlich auch durch tektonische Vorgänge im Erdinneren die einzelnen Kreideblöcke schräggestellt wurden, so daß sie wie Schuppen oder Ackerschollen aufeinander folgen und sich mit dem eiszeitlichen Material abwechseln, ergibt sich eine überaus vielfältige, vor- und zurückweichende Küstenlinie mit einer auch landeinwärts lebhaften Topographie. Einen guten Überblick über die Verhältnisse gewinnt man bei einer Wanderung auf dem Hochuferweg zwischen Sassnitz und dem Königsstuhl. Die höchsten Punkte bilden die Spitzen der eigentlichen Kreidekliffs, zwischen denen sich das Gelände merklich zu tiefer eingeschnittenen und oft mit einem Bachlauf erfüllten Tälern senkt; deren größte sind die Täler des Kieler und des Kollicker Baches. Dieser »stufige« Aufbau der Landschaft mag sich auch in dem Namen »Stubnitz« spiegeln (slawisch: »Stufenland«).

Die so massiv aussehenden Klippen sind nicht für die Ewigkeit gebaut; jedes Jahr verliert die Steilküste durch Erosion Material, so daß die Küstenlinie stetig zurückweicht. Gelegentlich kommen massive Uferabbrüche vor, deren Material vom Meer erst im Verlauf vieler Monate aufgearbeitet und weggetragen wird. Bei Sonnenschein ist es ein wunderbarer Anblick, wenn die aufgeschwemmte weiße Kreide sich im türkisblauen Wasser zu Füßen der Felsen verteilt. Eine beeindruckende Dynamik herrscht an dieser Küste; fast bei jedem Besuch wird man Veränderungen bemerken können.

Die Nordküste des Nationalparks hingegen ist wesentlich »ruhiger«; hier reichen die Buchenwälder bis an den Blockstrand herab. Östlich von Lohme existiert an einem solchen nicht mehr von großräumiger Dynamik erfaßten Strand eine der wenigen natürlichen Salzrasengesellschaften der deutschen Ostseeküste.

Eine vogelkundliche Besonderheit der Kreideküste ist das Vorkommen von Kolonien aus mehreren Hundert Paaren felsbrütender Mehlschwalben. Diese Schwalbenart baut ihre kugelförmigen Nester in den meisten Gebieten Mitteleuropas heutzutage fast ausschließlich an Gebäuden, ist also ein »Kulturfolger« des Menschen. An der Kreideküste wird jedoch sichtbar, daß diese Vogelart ursprünglich einmal ein Felsenbrüter war.

Die einstmals größte ornithologische Kostbarkeit im heutigen Nationalpark besteht leider nicht mehr. Bis 1970 brütete ein Paar Wanderfalken regelmäßig viele Jahre hindurch in den Steilfelsen der Stubnitz. Diese großen, in Deutschland seltenen Falken fanden früher auf Rügen und Hiddensee die einzigen Felsbrutplätze in der Norddeutschen Tiefebene.

Die Stubnitz ist ein Waldland; über zwei Drittel der Fläche des Nationalparks sind mit Wald bestanden. Das war nicht immer so. Nach dem Zurückweichen der Gletscher vor etwa 12 000 Jahren herrschte eine Tundravegetation.

Erst allmählich wanderten genügsame Bäume und Sträucher wie Waldkiefern, Birken und Hasel ein, die bei zunehmender Erwärmung von artenreichen, von Eichen dominierten Laubmischwäldern abgelöst wurden. Erst Jahrtausende später und schon in historischer Zeit, zwischen dem 12. und 14. Jh., wurden diese Wälder von der Buche verdrängt – wahrscheinlich aufgrund einer Klimaänderung hin zu kühleren, niederschlagsreicheren Verhältnissen.
Heute herrscht auf den nicht vom Grundwasser beeinflußten Waldflächen des Nationalparks die Rotbuche absolut vor; über 80% der Waldfläche sind von ihr bestanden. In den meisten Fällen bildet die Buche sogenannte »Hallenwälder«, in denen die Stämme wie Pfeiler nach oben streben und nur wenig Unterwuchs existiert. Dies ist nicht nur ein Ergebnis der Forstwirtschaft, der ja an gleichaltrigen Beständen mit geraden Stämmen gelegen ist; die Buche neigt von Natur aus unter guten Bedingungen zum Aufbau eines solchen Waldtyps aus gleichaltrigen Beständen. Unter einem flächigen Bestand von Buchen haben andere Laubbaumarten meist nicht viel Chancen, bis zum Kronendach emporzuwachsen, da das dichte Laubdach zur Vegetationszeit nur wenig Licht hindurchläßt. Junge Buchen hingegen kommen mit sehr wenig Licht aus und vertragen daher eine starke Beschattung. Diese Schattenwirkung der belaubten Kronen in einem Buchenwald ist auch der Grund, weshalb in der Krautschicht vor allem sehr viele Frühblüher vorkommen. So zaubern Anemonen, Leberblümchen, Schlüsselblumen, Scharbockskraut oder die verschiedenen Goldstern-Arten im zeitigen Frühjahr regelrechte Blütenteppiche in die Wälder. Diese Pflanzen nutzen die kurze Zeit vor dem Laubaustrieb der Buchen, um in vollem Lichtgenuß ihren Entwicklungszyklus durchzuführen und Reservestoffe aufzubauen; den Rest des Jahres überdauern sie meist in Form von unterirdischen Organen wie Zwiebeln, Knollen oder Erdsprossen. Die Samen vieler dieser Pflanzen werden von Ameisen am Waldboden verbreitet, was ihnen einen weiteren Vorteil bei dessen schwieriger Besiedlung verschafft.
Beim flüchtigen Betrachten der Buchenwälder mag man den Eindruck gewinnen, daß sie sich überall recht ähnlich sehen. Dem ist aber nicht so. Der Wechsel verschiedener Gesteine und Sedimente auf kleinem Raum bewirkt, daß auch die Böden, die sich auf und aus diesem Material gebildet haben, ein Mosaik mit Bereichen unterschiedlicher Zusammensetzung bilden. Dies gilt denn auch für die darauf wachsende Vegetation. Die einzelnen Waldtypen unterscheiden sich erheblich bezüglich der Pflanzenarten, die die Buche begleiten und den Unterwuchs bilden. Die Waldtypen sind somit nicht regellos verteilt, sondern geben die Unterschiede wieder, die durch solche Faktoren wie Boden, Hangneigung oder Exposition bedingt sind.

Die ursprünglichsten Wälder befinden sich in der Küstenzone und in den Bachtälern. Hier ist seit Jahrzehnten nicht mehr vom Menschen eingegriffen worden. Nur an wenigen Stellen steigt der Buchenwald bis fast an den Strand herab. Auf den steileren Partien erschwert das dauernde Nachrutschen von Material das Aufwachsen von Buchen. Vielerorts fällt der Blick auf in der Tiefe liegende Baumleichen, die durch einen Erdrutsch hinabgerissen wurden. An solchen Stellen haben durch die Auflichtung des Waldes lichtbedürftigere Gehölze größere Chancen für ein Überleben. Es kommen an diesen Küstenhängen unter anderem Wildobstarten wie Wildbirne oder Wildapfel vor sowie Elsbeere, Berg- und Spitzahorn, Esche, Vogelbeere und an manchen Stellen die Eibe. Durch den größeren Lichteinfall und den Kalkgehalt des Bodens der Küstenkreidehänge findet sich eine reiche Bodenflora. Hier ist der Hauptwuchsort für einige der im Nationalpark vorkommenden Orchideenarten; eine der häufigsten Arten ist das Fuchssche Knabenkraut.

Die senkrechten Abbruchwände der Kreidefelsen sind fast völlig vegetationslos, die sehr steilen Hänge wegen der dauernden Rutschungen von Natur aus waldfrei. Je nach Steilheit, Exposition und Untergrund stellt sich ein ineinander verzahnter Komplex aus Gebüschen (darunter Elsbeere, Blutroter Hartriegel und Wacholder) sowie verschiedenen Kräuterfluren mit Schwalbenwurz, Steinbeere und Rauhem Löwenzahn ein. Eine Besonderheit sind die in den Uferschluchten und Küstenhängen auftretenden Quellsümpfe; durch Stauung an wasserundurchlässigen tonhaltigen Schichten tritt Wasser im Hangbereich aus. In den Randbereichen dieser Feuchtstellen wächst häufig der Riesenschachtelhalm. Feuchte und trockene Bereiche liegen in den Hangbereichen bisweilen unmittelbar nebeneinander und sorgen für eine reichhaltige Flora. Manche dieser Stellen sind vom Hochuferweg aus einzusehen (aber nicht zu betreten!).

Die rutschungsanfälligeren Hänge aus eiszeitlichem Material tragen einen weniger vielfältigen Pflanzenwuchs. Im zeitigen Frühjahr färben sie sich gelb durch die Blüten des Huflattichs; auf älteren und ungestörteren Bereichen siedelt sich Sanddorn an.

Nur an wenigen Stellen tritt auf dem Plateau der Stubnitz die Kreide direkt an die Oberfläche. Hier herrscht der Kreidebuchenwald vor mit einer besonders reichen Bodenflora, die an Artenzahl die der anderen Waldtypen zumeist übertrifft. Ab März überziehen die Leberblümchen den Waldboden mit einem bläulichen Teppich, etwa einen Monat später entfaltet die Frühlings-Platterbse, eine Charakterart kalkhaltigen Bodens, ihre violetten Blüten und gefiederten Blätter. Größere Waldflächen stehen jedoch auf eiszeitlichem Moränenmaterial, das stärker saure Böden bildet. Den größten Teil dieser Fläche und damit die größten Waldflächen des National-

Die Blütenteppiche des Hohlen Lerchensporns (Foto nächste Doppelseite) überziehen den Waldboden vor allem an den etwas feuchteren Bereichen. Seinen Namen hat dieses Mohngewächs von den Hohlräumen in der Knolle.

parks überhaupt nimmt der Zahnwurz-Buchenwald ein, dessen namengebende Art, die Zwiebeltragende Zahnwurz, mit ihren violetten Blüten im Mai und Juni im Waldesinnern auffällt. Der merkwürdige Name stammt von den kleinen, bräunlichen Gebilden, die in den Blattachseln wachsen; es handelt sich um Brutzwiebeln, die nach dem Abfallen zu einer neuen Pflanze heranwachsen und so für eine ungeschlechtliche Vermehrung sorgen. Insgesamt sind die küstennäheren Waldstandorte zumeist mit besseren Böden versehen als die im Westen des Nationalparks; der Grund dafür könnte in einer Düngewirkung durch randlich eingeblasenen Kreidestaub entlang der Küste sowie in einem im Laufe der Jahrhunderte größeren Nährstoffverlust durch Holzentnahme im Westen des Gebietes liegen.

Auf dauerfeuchten Standorten stellen sich andere Baumarten als die Buche ein. In Bachtälern handelt es sich zumeist um Bestände aus Esche und Bergahorn. Im zeitigen Frühjahr bedeckt hier blühender Lerchensporn den Boden. Bei zunehmender Bodennässe stellen sich Schwarzerlen ein, die stellenweise kleine Erlenbrüche bilden. Erlen vertragen es, dauernd »nasse Füße« zu haben, während andere Bäume an solchen feuchten Standorten an Wurzelfäule und Sauerstoffmangel eingehen würden. Bei niedrigem Wasserstand ist zu erkennen, daß die Bäume fast wie auf Stelzen wachsen. Überdies leben Erlen in Symbiose mit Wurzelbakterien, die aus der Luft Stickstoff binden und so den Baum regelrecht düngen.

Wenn auch der größte Teil der Fläche des Nationalparks von Wald eingenommen wird, so gibt es doch auch im küstenfernen Bereich eine Reihe von Natur aus waldfreier Standorte. Vor allem im westlichen Teil der Stubnitz wird der Wanderer auf eine große Zahl von Senken und Mulden stoßen, die in der Gestalt wie Bombenkrater erscheinen können. Auch hierbei handelt es sich um Zeugen der Eiszeiten, nämlich meist um sogenannte »Toteislöcher«. Sie entstanden durch große Eisblöcke, die nach dem Rückzug der Gletscher liegenblieben und erst allmählich abschmolzen; heute sind sie meist mit Wasser gefüllt. Die Größe kann sehr unterschiedlich sein; die meisten Mulden haben einen Durchmesser von allenfalls 30 bis 50 m, aber auch bei der Entstehung des 2 ha großen und 11 m tiefen Herthasees könnte ein solcher Toteisblock eine Rolle gespielt haben.

In vielen dieser wassergefüllten Senken kam es zur Bildung einer manchmal mehrere Meter dicken Torfschicht und somit zur Entstehung eines Moores, das meistens dem Typ eines abflußlosen »Kesselmoores« entspricht. Torfmoose und Wollgras sowie verschiedene Seggenarten charakterisieren die ursprünglichsten Moore. An botanischen Kostbarkeiten wachsen hier Moosbeere und Rundblättriger Sonnentau.

Viele der Bäche, die nach Osten zur Küste fließen, entspringen in

Quellmooren im zentralen Teil der Stubnitz.
Es ist das Ziel der Nationalparkverwaltung, durch geeignete Maßnahmen auf dem größten Teil der Flächen die ohnehin meist naturnahen Wälder wieder in einen ursprünglichen Zustand zu versetzen. Da hierfür nicht alle Gebiete in gleicher Weise behandelt werden können, wurde zur Erlangung dieses Ziels eine Einteilung in mehrere Schutzzonen vorgenommen. Die Entwicklung hat in der Kernzone des Nationalparks (Schutzzone I) bereits begonnen; die Wälder dieser Zone werden ganz ihrer natürlichen Dynamik überlassen. Während die Schutzzone III des Nationalparks die Siedlungs- und Erholungszone umfaßt, betrifft die Schutzzone II die Pflege- und Entwicklungszone; in den letzteren Bereichen wurden die Wälder durch Anpflanzung standortfremder Baumarten, etwa Kiefern, Fichten, Japanische Lärchen oder Douglasien, stärker verändert. Hier soll der Wald durch eine schonende forstliche Tätigkeit im Sinne des Schutzgedankens und durch die Förderung standortgemäßer Arten in einen Zustand überführt werden, von dem aus die gleiche Rückentwicklung zu einem Naturwald erfolgen kann wie in der Kernzone. So soll in diesen Bereichen nach vielen Jahrhunderten wieder ein mitteleuropäischer Urwald, ein Wald, der nicht der menschlichen Nutzung unterliegt, entstehen. Dies gelingt nicht von heute auf morgen, sondern wird einige Baumgenerationen erfordern. Nach Einstellung der forstlichen Nutzung werden die Bäume ein höheres Alter erreichen (im Falle der Buche mehrere Hundert Jahre statt der 100 bis 160 in einem Wirtschaftswald) und eines natürlichen Todes sterben. Alt- und Totholz, das in Wirtschaftswäldern nicht geduldet wird, in einem Naturwald aber unverzichtbarer Teil des Lebenszyklus' des Waldes ist, wird sich ansammeln und vielen zusätzlichen Tier- und Pflanzenarten eine Lebensmöglichkeit bieten. So könnte sich beispielsweise in der Zukunft der Schwarzspecht in der Stubnitz ansiedeln, der auf große Bestände alter Bäume angewiesen ist, und in seinem Gefolge die Hohltaube, die alte Schwarzspechthöhlen zum Brüten benutzt. Abgestorbene Bäume werden von einer Vielzahl von Pilzen und Kleinlebewesen zersetzt, die in einem Wirtschaftswald nicht mehr vorkommen oder dort aufgrund der Monotonie der Bestände als »Masseschädling« auftreten können. Der Wald wird zunehmend wieder geprägt werden durch eine natürliche Dynamik, die mit sich bringt, daß junge und alte Bäume, offene und dicht geschlossene Bestände nebeneinander vorkommen. Natürliche Buchenwälder weisen einen regelrechten Lebenszyklus aus aufeinanderfolgenden Phasen auf: Auf einen Hallenwald (»Terminalphase«) folgt eine »Zerfallsphase«, in der die Altbäume allmählich absterben. Gleichzeitig setzt aber bereits die »Verjüngungsphase« ein, bei der anfangs andere Baumarten als die

Der Kolkrabe, trotz seiner rauhen Stimme ein Singvogel, ist Brutvogel der Buchenwälder im Nationalpark Jasmund. Während der Balz vollführen die Paarpartner auffällige Flugspiele, wobei sie sich im Sturzflug fallen lassen oder Loopings drehen.

Buche beteiligt sein können, die aber bald von ihr verdrängt werden. Durch die Überschattung aller anderen Baumarten bilden sich wieder reine Buchenbestände aus, die in einer »Optimalphase« des kräftigsten Wachstums wieder zu einem Hallenwald auswachsen. Diese Dynamik schließt auch natürliche »Katastrophen« wie beispielsweise Sturmschäden mit ein. Das Innere der wieder entstehenden Naturwälder im Nationalpark wird an vielen Stellen sicher »unübersichtlicher« und »unaufgeräumter« wirken als jetzt; doch die größere Vielfalt an unterschiedlichen Stadien der Waldentwicklung wird einen Zuwachs an Leben bedeuten. Es wird sich lohnen, immer und immer wieder in den Nationalpark zu kommen, um diesen allmählichen Übergang mitzuerleben.

Die Tierwelt im Nationalpark Jasmund

Das Vorherrschen von Waldflächen im Nationalpark bringt es mit sich, daß die meisten der als Brutvögel ansässigen Vogelarten Waldbewohner sind. Neben weitverbreiteten und häufigen Arten wie Buchfink, Rotkehlchen, Kohl-, Blau- und Sumpfmeise und anderen bergen die Wälder der Stubnitz zwei Besonderheiten unter den Singvögeln: den Zwergschnäpper und den Grünen Laubsänger. Zwergschnäpper sind kleine insektenfressende Vögel, bei denen die Männchen in der Färbung zur Brutzeit (rote Brust) ein wenig an ein Rotkehlchen erinnern. In Deutschland kommt diese Art vor allem im Alpenraum sowie hier in den mecklenburg-vorpommerschen Küstenregionen vor. Der Grüne Laubsänger ist von Sibirien bis ins östliche Mitteleuropa verbreitet und erreicht in diesem Teil Norddeutschlands seine westliche Verbreitungsgrenze.

Ein weiterer auffallender Bewohner der Stubnitzwälder ist der Kolkrabe. Dieser große und intelligente, rabenschwarze Vogel mit dem keilförmigen Schwanz und dem rauhen Ruf ist durch andauernde Verfolgung in der ersten Hälfte des Jahrhunderts selten geworden und vielerorts in Deutschland ausgestorben. Die Bestände haben in den letzten Jahrzehnten jedoch wieder zugenommen.

Zur Vogelbeobachtung lohnt sich ein Besuch im Nationalpark auch zwischen Herbst und Frühjahr. Zwar ist der Vogelzug im Westen der Insel sowie im Nationalpark Vorpommersche Boddenlandschaft in vielerlei Beziehung spektakulärer – man denke nur an den Durchzug der Kraniche und Gänse – aber auch in der Stubnitz kann man interessante Beobachtungen machen. Vorzugsweise geschieht dies bei einer Wanderung entlang des Hochuferwegs. Man hat dann einen wunderbaren Blick hinab auf die Küstenlinie und kann mit dem Fernglas viele nordische Enten und Seetaucher in den flachen Gewässern vor dem Strand beobachten. Vor allem Tauchenten wie Eisente, Eideren-

te und Schellente lassen sich oft in großer Anzahl beobachten.

Häufige Großtiere der Wälder der Stubnitz sind Rehe, Rothirsche und Wildschweine. Die Wildbestände sind durch jahrelange Hege künstlich hochgehalten und verursachen durch Verbiß der Vegetation nicht unbeträchtliche Probleme. Im Sinne des Naturschutzes sollte deren Populationsgrößen soweit reduziert werden, daß eine natürliche Waldverjüngung nicht mehr gefährdet ist. Zudem wurden auch standortfremde Huftiere wie Damhirsch und Mufflon eingesetzt, um die Jagdreviere mit einer möglichst großen Zahl von »Trophäenträgern« zu schmücken; diese Arten sollten wieder entfernt werden.

Von der Vielzahl der unscheinbareren, weil kleineren Bewohner der Buchenwälder seien stellvertretend nur einige Arten erwähnt. So kommt in den vielseitig strukturierten Buchenwäldern der Stubnitz noch der überaus seltene Springfrosch vor, der in Mecklenburg-Vorpommern als vom Aussterben bedroht gilt. Diese grazilen Tiere tragen ihren Namen zu Recht, denn sie können bis zu 2 m lange Sprünge vollbringen. Durch ihre fallaubfarbene Körpertönung sind sie in ihrem Lebensraum nur für das geübte Auge zu entdekken. Zeitig im Frühjahr suchen sie kleine Tümpel und Gumpen auf, um ihren Laich abzusetzen.

Sie stehen auf der Beuteliste der Ringelnatter, einer im Nationalpark häufigeren Schlangenart. Neben Feuchtgebieten bewohnt sie auch feuchte Wälder, wo sie sich meist in Gewässernähe aufhält. Die ungiftige, harmlose Ringelnatter erkennt man an den halbmondförmigen, gelblichen Flecken zu beiden Seiten am Hinterkopf. Ab März erwachen die Tiere aus ihrer Kältestarre, in der sie den Winter unter Laubhaufen oder in Baumstubben verbrachten. Da sie sich bei Gefahr sehr schnell verstekken, wird man kaum einmal auf eine Ringelnatter treffen.

Das gilt auch für eine weitere Schlangenart des Nationalparks, die Kreuzotter; sie verdankt ihren Namen der charakteristischen Rückenzeichnung. Im Gegensatz zur Ringelnatter ist ihr Biß giftig und äußerst schmerzhaft, endet aber in den wenigsten Fällen tödlich. Da die Kreuzotter kühlere Temperaturen in feuchter Umgebung bevorzugt, kommt sie im Nationalpark in Moorgebieten und in feuchten Waldbereichen vor.

Die Kreuzotter ist mittlerweile so selten geworden, daß sie zu den geschützten Arten zählt. Auch wenn es viele Menschen gibt, die vor Schlangen Angst haben, so ist eine Begegnung mit solch einem Reptil weder ein Grund in Panik auszubrechen noch etwa zu versuchen, es zu erschlagen. Diese Tiere sind geschützt, und auch eine Kreuzotter ist vollkommen harmlos, solange man sie nicht massiv belästigt. Übrigens sind alle Reptilien und Amphibien in Deutschland geschützt.

Von den Landschnecken wurden im Nationalpark 79 Arten nachgewiesen, das sind 80% aller im Bundesland Mecklenburg-Vorpommern vorkommenden Arten!

Eine besonders hübsche Art ist das Bienenkörbchen, benannt nach der Form des honigfarbenen Gehäuses, das einem winzigen Bienenkorb ähnelt. Sie lebt in der feuchten Laubstreu der naturnahen Buchenwälder der Stubnitz. Aus der gleichen Familie (Grasschnecken) kommt als weitere Art die Feingerippte Grasschnekke vor, die in Deutschland vom Aussterben bedroht ist. Sie ist allerdings ein typischer Feuchtgebietsbewohner. Da ihr Verbreitungsschwerpunkt in Südeuropa liegt, muß ihrem Auftreten im Nationalpark daher eine hohe Bedeutung beigemessen werden. Das gilt auch für die Genabelte Puppenschnecke, einer westeuropäisch-atlantischen Art, deren östliche Verbreitungsgrenze im Nationalparkgebiet liegt.

Zur Familie der Baldachinspinnen gehört die kaum halbzentimeterlange Art *Drapetisca socialis*. Wie ihr wissenschaftlicher Name andeutet, tritt sie meist gesellig auf. *Drapetisca socialis* lebt fast ausschließlich auf Buchenstämmen und ist sogar bis in den Dezember hinein aktiv. Ihr Fangnetz ist so fein gewebt, daß es dem menschlichen Auge verborgen bleibt.

Im Winter trifft man in den Küstengewässern viele hochnordische Gäste wie Eisenten (Foto) an. Das Männchen ziert ein langer, auffälliger Schwanzspieß.

Neben dem Wald sind Gewässer und Feuchtgebiete ein weiterer wichtiger Lebensraumtyp. In lauen Frühsommernächten kann man in vegetationsreichen Stillgewässern die wohltönenden Glockenrufe der Rotbauchunke vernehmen. Nur selten wird man den kleinen Froschlurch im Pflanzendickicht erkennen. Seine olivgrüne Oberseite kontrastiert lebhaft mit dem orange-schwarz gefleckten Bauch, ein sicheres Warnzeichen, daß dieses Tierchen für die meisten seiner Freßfeinde ungenießbar ist. Auch den knallgrünen Laubfrosch wird man selbst dann kaum entdecken, wenn er unmittelbar vor einem sitzt. Ungeachtet seiner geringen Größe besitzt der Laubfrosch die lauteste Stimme aller heimischen Amphibien, die kilometerweit zu hören ist. Fast unnötig zu erwähnen ist die traurige Tatsache, daß auch diese beiden Arten inzwischen zu Seltenheiten geworden sind. Der Laubfrosch bevorzugt flache besonnte Gewässer, dort laicht auch der Kammolch, unser größter heimischer Wassermolch ab.

Die Gewässer des Nationalparks beherbergen eine weitere Besonderheit aus dem zu Unrecht gefürchteten Reich der Spinnen – die Wasserspinne. Sie ist die einzige Spinnenart, deren gesamtes Leben sich im Wasser abspielt. Da sie aber wie alle Spinnen auf Luftsauerstoff zum Atmen angewiesen ist, spinnt sich *Argyroneta aquatica*, wie sie wissenschaftlich heißt, eine Taucherglocke. Diese füllt sie mit Luftvorrat, den sie mit den Hinterbeinen portionsweise in Bläschenform von der Wasseroberfläche herabzieht – durch ein vorher gewebtes Unterwassergespinst hindert sie die Luftbläschen am Entweichen. Die Taucherglokke stellt nun für die meiste Zeit das Refugium der Wasserspinne dar. Auch die Jungspinnen wachsen in eigens dafür gesponnenen Glocken unter Wasser heran. Die Wasserspinne gilt in Deutschland als gefährdet und ist in der Bundesartenschutzverordnung namentlich erwähnt. Letzteres trifft auch für die stark gefährdete Wolfsspinne *Arctosa cinerea* zu, deren Lebensraum die Geröllstrände der Kreideküste sind.

Ein Bewohner unverschmutzter Gewässer ist der Edelkrebs, der im Gebiet des Nationalparks noch vorkommt. Leider hat sich die Wasserqualität einiger Gewässer seit den 50er Jahren so stark verschlechtert (wobei die Gründe dafür noch nicht völlig geklärt sind), daß es in den darauffolgenden Jahren zu mehreren Krebssterben kam – das letzte im Jahre 1982. Zur Bestandsrettung der bedrohten Art mußten Edelkrebse umgesetzt werden.

Die ausgeprägten Unterschiede der einzelnen Standorte innerhalb der Halbinsel Jasmund haben eine Vielfalt mikroklimatischer Bedingungen zur Folge: So sind etwa kühle Bachschluchtwälder und Kesselmoore in unmittelbarer Nachbarschaft zu sonnenexponierten Kreidefelsen und Magerrasen gelegen. Es ist daher nicht verwunderlich, daß hier eine Kleintier-Fauna anzutreffen ist, die neben den »normalen« mitteleu-

ropäischen Elementen auch wärmeliebende Arten und solche aus kühleren klimatischen Epochen enthält.

Als eine solche Reliktform muß man auch den Scheckenfalter *Boloria aquilonaris* ansehen, der nur mehr sehr inselartig in intakten Hochmooren auftritt. Er wurde erst unlängst im Gebiet des Nationalparks nachgewiesen. Das Weibchen legt seine Eier an Sumpf-Veilchen und Moosbeere ab, den Nahrungspflanzen der Raupen. Eine absolute Rarität ist der Eulenspinner *Photedes morrisii*, die sog. Kreideeule. Sie hat hier ihren einzigen Fundort in Deutschland. Die Raupe des hell cremefarbenen Nachtfalters lebt in den Halmen des Rohrschwingels. Überhaupt sind im Gebiet des Nationalparks neben vielen Käfer- und Libellenarten fast 400 Schmetterlingsarten heimisch.

Die Naturräume im Nationalpark Vorpommersche Boddenlandschaft

Der Nationalpark Vorpommersche Boddenlandschaft erhält, ähnlich wie die Wattenmeer-Nationalparke der westlichen Bun-

Die Wasserspinne verbringt als einzige Spinne ihr ganzes Leben unter Wasser. Dazu spinnt sie Unterwasser-Glokken; die notwendige Luft transportiert sie als silbrige Fracht zwischen den Körperhaaren von der Wasseroberfläche zur Glocke.

desländer, sein besonderes Gepräge durch das enge Nebeneinander von meergeprägten und Landlebensräumen.
»Bodden« sind die weitgehend von Land umschlossenen und reich gegliederten, meist sehr flachen Buchten, wie sie besonders in dem Küstenbereich ausgeprägt sind, die der Nationalpark umfaßt. Aufgrund ihrer relativen Abgeschlossenheit gegenüber der Ostsee weisen die Boddengewässer einen geringeren Salzgehalt auf als die Ostsee (unter 1% Salzgehalt), die wiederum weniger salzig als die Nordsee (über 3% Salzgehalt) ist. Daher kommen manche Meeresorganismen aus der Nordsee hier nicht mehr vor; andererseits leben in den Boddengewässern viele ansonsten im Süßwasser verbreitete Fischarten. Auch unter den Pflanzen der Bodden finden sich neben Arten des Salzwassers, beispielsweise unter den Grün- und Braunalgen Meersalat und Blasentang, unter den Blütenpflanzen das Seegras, auch solche des Brack- und Süßwassers; dazu gehören etwa Armleuchteralgen und von den Blütenpflanzen Kamm-Laichkraut, Teichfaden und Ähren-Tausendblatt.
Die Flachheit und Abgeschlossenheit der Boddengewässer macht sie anfällig für eine Überdüngung durch Abwässer. Eine wichtige Rolle bei der biologischen Klärung der Gewässer spielen die Schilfröhrichte, die die Flachufer säumen. Schilf, das größte heimische Süßgras, verträgt nicht nur wechselnde Wasserstände und Wellenschlag, es toleriert auch den leichten Salzgehalt des Boddenwassers. Darüber hinaus kommt dem Schilf eine große Bedeutung bei der Verlandung der Boddengewässer zu; bei hohen Wasserständen lagern sich Schwebstoffe zwischen den Wurzeln ab und tragen so zur Bodenerhöhung bei. Dort können dann auch andere Pflanzen gedeihen, die es nicht vertragen, ständig vom Wasser umspült zu werden.
Neben Vögeln, die auf große Schilfbestände angewiesen sind und teilweise nur dort vorkommen, wie Rohrweihe, Teich- und Drosselrohrsänger oder Rallen, lebt auch eine sehr große Zahl wirbelloser Tiere im Röhricht. Dazu gehört die etwa 7 mm große Zigarren-Halmfliege. Sie legt ihre Eier in den Schilfhalmen ab, worauf die Pflanzen gallenähnliche Verdickungen ausbilden, in denen sich die Larven der Halmfliege entwickeln. Für manche Fische sind die nahrungsreichen und Schutz bietenden Röhrichte wichtige Laichplätze und »Kinderstuben«.
Der Nahrungsreichtum der Boddengewässer ist Grundlage für die See- und Wasservögel, die im Nationalpark wichtige Brutplätze besitzen. Auch im Winter zeigt sich dieser Reichtum der Gewässer, wenn sich Zehntausende von Gänsen, Enten und Schwänen in den Boddengewässern einfinden. Besonders beeindruckende Ansammlungen finden sich dann im »Vierendehlgrund«, den flachen Gewässern um die Südspitze der Insel Hiddensee (zu beobachten etwa während einer Fahrt mit der

Fähre von Stralsund nach Hiddensee) sowie in der »Bessinschen Schaar« östlich des Alten und Neuen Bessin von Hiddensee (einsehbar etwa von der Spitze des Alten Bessin aus).

Das Meer hat bei der Gestaltung der Lebensräume des Landes direkt mitgewirkt. Ähnlich wie die Insel Rügen besteht auch die *Halbinsel Darß/Zingst* aus eiszeitlichen, aus Moränenmaterial aufgebauten Inselkernen. Gleiches gilt für den nördlichen Teil der Insel Hiddensee, den Dornbusch, der immerhin bis zu einer Höhe von 72 m aufragt und die einzige Steilküste im Nationalpark ausbildet. Auf dem *Darß* läßt sich die Grenze des alten Inselkernes des Altdarßes im Gelände auch heute noch sehen, obwohl sich davor in den letzten Jahrtausenden viele Kilometer Neuland gebildet haben. Im Darßer Wald, am Mecklenburger Weg, ist die ehemalige Küstenlinie als Geländestufe, die mehrere Meter Höhe erreichen kann, noch deutlich erkennbar. Südlich der Klifflinie liegt der sogenannte Altdarß, nördlich davon der Neudarß.

Vor etwa 7000 Jahren begann der Meeresspiegel im Gefolge des Abschmelzens der Festlandsgletscher Skandinaviens zu steigen. Dies nennt man die sog. »Littorina-Transgression«, benannt nach einer im Ostseeraum damals häufig vorkommenden Schneckenart. Als Folge davon wurden die Küsten der nun in Inseln verwandelten Moränenhügel abgetragen. Das erodierte Material wurde mit den Meereströmungen entlang der Küsten transportiert und dort abgelagert, wo die Transportkraft des Meeres nachließ. Auf diese Weise vergrößerten sich die Flächen der Inseln durch eine kontinuierliche Neulandbildung. Der nördliche Teil des Darßes, der Neudarß, ist daher wenige tausend Jahre alt, an seiner Spitze, dem Darßer Ort, ist der Prozeß der Neulandbildung weiter im Gange, ebenso wie an vielen anderen Stellen im Nationalpark. Hier entfaltet sich noch die landschaftsgestaltende Kraft von Meer und Wind, die an den meisten anderen Stellen der Küsten Mitteleuropas durch die Tätigkeit des Menschen wesentlich eingeschränkt ist.

Die Geschwindigkeit, mit der neues Land entstehen kann, ist außerordentlich groß. Der Darßer Ort ist in den letzten 300 Jahren etwa 2,5 km ins Meer hinausgewachsen. Das angelagerte Material stammt von der Westküste des Darß, wo das Meer über weite Strecken während jedes Sturmes an der Küste nagt. Im Durchschnitt weicht die Küste an diesen Stellen jedes Jahr um 0,5 m zurück.

Auch die Insel Hiddensee ändert weiterhin ihre Gestalt. Hier ist es der Dornbusch im Norden, dessen Material abgetragen wird. Daraus entstanden sind der lange »Schwanz« im Süden der Insel, der Gellen, sowie die fingerartigen Fortsätze im Norden, Alter und Neuer Bessin. Während der Alte Bessin nachweislich bereits mehrere Jahrhunderte alt ist, gehen die Anfänge des nördlichen da-

An vielen Stellen der Ostseeküste wurde zur Befestigung der Dünen Strandhafer angepflanzt, da seine Wurzeln sehr tief und weit in den Boden reichen. So verhilft dieses Pioniergras verschiedenen anderen Strandpflanzen zu neuen Siedlungsflächen.

von gelegenen Neuen Bessin erst auf die 30er Jahre dieses Jahrhunderts zurück; mittlerweile hat er eine Länge von etwa 2,5 km erreicht und wächst weiter auf Rügen zu. Da auch östlich des Zingst andauernd Sediment nach Osten verlagert wird, müssen die Fahrrinnen der Schiffe um die Südspitze des Gellen sowie zwischen Hiddensee und Rügen von Sedimenten freigehalten werden.

Wo neues Land aus dem Meer entsteht, geschieht dies in einer bestimmten Abfolge. Am Darßer Ort bilden sich in einem ersten Schritt flache, regelmäßig überspülte Sandplatten (Schaare), die sich bei zunehmender Anlandung in Form von Strandwällen über die Wasserlinie erheben. Auf dem neu enstandenen, nicht mehr regelmäßig überfluteten Land verbleiben zwischen den Strandwällen und Dünenzügen, den Reffen, flache Senken (Riegen) oder kleine Strandseen, die allmählich vom Meer abgeschnitten werden. Während sich in den Riegen Süßwasser ansammelt und dadurch eine Vermoorung beginnen kann, werden die Reffe in mehreren Stadien der Dünenbildung von Pflanzen besiedelt.

Dünen, wie sie entlang des Rundweges am Darßer Ort oder bei der Hohen Düne von Pramort sichtbar sind, stellen für Pflanzen schwierige Lebensräume dar. Der Untergrund ist sehr instabil, Regenwasser versickert schnell, das Salz ist für die meisten Pflanzen giftig, und der Sand enthält gewöhnlich wenig Nährstoffe. Nur wenige Pflanzen vermögen diese Bedingungen zu ertragen. Hauptbesiedler der auf die ersten Dünenstadien (»Primärdünen«) nachfolgenden größeren Flächen der »Weißdünen« ist der Strandhafer. Er benötigt dauernde Sandzufuhr, da er auf die im Sand enthaltenen geringen Nährstoffmengen angewiesen ist. Durch sein tief- und weitreichendes Wurzelsystem festigt er die Düne und bereitet sie so für die Besiedlung durch andere Pflanzen vor. Aus diesem Grund ist Strandhafer auch an vielen Stellen der Küste zur Dünenbefestigung angepflanzt worden. Weitere häufige »Sandfestiger« sind Strandquecke und Sandsegge, die beide aus einem unterirdischen Wurzelsproß austreiben. Sandseggen bedecken oft wie an einer Naht in schnurgeraden Linien aufgereiht die Sandflächen. Zwischen diesen Pionierpflanzen wächst noch relativ häufig die Stranddistel. Von Juni bis Oktober erscheinen die bläulich schimmernden Blütenköpfchen.

Auf gefestigten, älteren Dünen, wo keine Sandzufuhr mehr stattfindet, kann sich allmählich eine Humusdecke bilden, weitere Gräser und Kräuter siedeln sich an. Aufgrund der Trockenheit des sandigen Untergrundes, der hohen Sonneneinstrahlung und der Nährstoffarmut des Bodens entwickelt sich ein bunter Sandtrokkenrasen. Die »Weißdüne« wandelt sich zur »Graudüne«, auf der Grasnelken, Mauerpfeffer, Berg-Sandknöpfchen und Sand-Strohblume bunte Tupfer zaubern. Oft bedecken Flechtenrasen den Boden, und Zwergsträucher wie die

Durch die gewaltige Kraft der anrollenden Meereswellen wird am Westrand des Darß die Küste immer weiter abgetragen; dadurch werden die Wurzeln der alten Buchen, die dort wachsen, unterspült – die Bäume stürzen auf den Strand.

Krähenbeere siedeln sich an. Als erste bestandsbildende Baumart stellt sich die anspruchslose Kiefer ein, die lichte, häufig mit Birken durchsetzte Wälder bildet, in denen als Unterwuchs oft Heidekraut wächst. Erst in späteren Stadien, nachdem sich eine nährstoffreichere Bodenschicht gebildet hat, kommt die anspruchsvollere Buche auf, die dann allerdings bei guten Bedingungen die Kiefernwälder allmählich verdrängt. Wo Buchen wachsen, beschatten sie den Waldboden im Sommer derart stark, daß lichtbedürftigere Baumarten wie die Kiefer sich nicht mehr halten können.

Im nördlichen Teil des Darßwaldes, dem Neudarß, ist noch deutlich das System von Reffen und Riegen erkennbar, das auf die oben beschriebene Entstehung des Gebietes zurückgeht. Den Untergrund des Waldes bilden über 140 alte Dünenstränge mit den dazwischenliegenden feuchten Senken. Auf den küstennahen Bereichen wächst ein lichter Kiefernwald. Vereinzelte Wacholderbüsche weisen auf eine frühere Beweidung hin; da Wacholder vom Vieh nicht gefressen wird, blieb er als Weideunkraut zurück.

Im Frühsommer blüht unübersehbar der Europäische Siebenstern mit seinen sieben weißen Blütenblättern. Auf den älteren Reffen haben oft prächtige Buchenbestände die Kiefern verdrängt. Die eindrucksvollsten Buchen stehen auf dem alten Meereskliff am Nordrand des Altdarßes entlang des Mecklenburger Weges. Beeindruckend sind auch die Stellen

an der Westküste des Darß, an denen sich durch die Küstenabtragung das Meer allmählich in die Buchenwälder hineinfrißt. Am Strand liegen die Reste großer Buchen, deren Wurzelwerk vom Wasser unterspült wurde. Manch andere Bäume stehen noch mehr oder weniger aufrecht an der Kante, sind aber ebenfalls zum Tode verurteilt. Die Kronen der noch stehenden Bäume in der Nähe der Kante, neben Buchen auch Kiefern und wilde Apfelbäume, wurden durch die vorwiegend von See heranstreichenden starken Winde in eine Richtung verformt; es bildeten sich die sogenannten »Windflüchter«. Am Esper Ort standen bis in die 70er Jahre hinein einige Gruppen mehrhundertjähriger Buchen, die jetzt Opfer des immer noch aktiven Küstenrückganges geworden sind. Die erwähnten wilden Apfelbäume wurden von Förster Mueller in den 30er Jahren angepflanzt.

Zwischen den ehemaligen Dünenzügen, den Reffen, erstrecken sich die feuchten Senken der Riegen. Auch nach den Entwässerungen der Vergangenheit sind viele Riegen weiterhin so feucht, daß wenige Baumarten an diesen Stellen überleben können. Während sich auf stark vermoorten Flächen die Moorbirke einstellt, haben sich auf dem Neudarß zumeist Schwarzerlenbrüche in den Riegen gebildet. Da Erlen in Symbiose mit Wurzelbakterien leben, die den Stickstoff der Luft binden und für die Pflanzen verfügbar machen, sind Erlenbrüche nährstoffreiche Lebensräume; wo sie entwässert wurden, macht sich auf großer Fläche die nährstoffliebende Brennessel breit. Natürliche Erlenbrüche gehören in Mitteleuropa zu den gefährdetsten Waldgesellschaften, da sie vielerorts von Entwässerungen bedroht sind; die Erlenbrüche des Darßwaldes sind somit besonders wertvolle Landschaftsbestandteile. Neben den Erlen fallen die dichten Horste von Seggen in den Erlenbrüchen auf. Im Frühsommer blüht die zu den Schlüsselblumengewächsen gehörende Wasserfeder. Die verbreiterte Basis der Erlenstämme bietet Farnen, dichten Moospolstern und anderen Pflanzen einen trockenen Wuchsplatz.

So naturnah und ursprünglich die Waldgebiete des Darßes, vor allem des Neudarßes, erscheinen mögen – sie sind, wie bereits erwähnt, schon seit Jahrhunderten menschlicher Nutzung unterworfen. Während früherer Phasen des Raubbaues waren weite Bereiche des Darßwaldes wesentlich baumärmer und offener als heute. Große Teile sind nach Sturmschäden aufgeforstet worden, teilweise mit standortfremden Baumarten wie der Fichte. Die Nationalparkverwaltung zielt darauf ab, diese Waldgebiete wieder in einen naturnahen Zustand zu überführen.

Das Gebiet des *Zingst* mit dem gleichnamigen Ort besteht wie der Darß aus alten, zusammengewachsenen Inselkernen, denen nach Osten hin vom Meer Sedimente angelagert wurden. Dadurch verlängerte sich der Zingst immer weiter in diese Richtung.

Der 800 ha große Osterwald östlich der Ortschaften Zingst und Müggenburg war ursprünglich zwischen den drei Besitzern Staat sowie die Städte Barth und Stralsund aufgeteilt. Auch dieser Wald ist früher zur Brennholzgewinnung und als Waldweide intensiv genutzt und aufgelichtet und – verglichen mit dem Darßwald – noch stärker durch Entwässerungsmaßnahmen und Aufforstungen beeinträchtigt worden. Die Forste mit standortfremden Baumarten sollen in der Zukunft allmählich in naturnahe Waldformationen überführt werden.
Die östlich des Waldgebietes gelegene Sundische Wiese (der Name weist auf den früheren Besitzer hin, die Stadt Stralsund) war urpründlich ein ausgedehntes, zur Boddenseite hin offenes Salzwiesengebiet. Nach der Eindeichung 1874 und der Einrichtung einer intensiven Landwirtschaft 1963 präsentiert sich die Sundische Wiese heutzutage als eine große, entwässerte und beweidete Grünlandfläche. Interessante Bereiche sind allerdings die periodisch überfluteten Außendeichflächen, da sie den Charakter einer Salzwiese tragen. Typisch für diesen Lebensraum sind beispielsweise der Erdbeer-Klee, der Strand-Dreizack oder die Salzbinse.
Die jüngsten und für den Besucher interessantesten Bereiche der Halbinsel Zingst liegen ganz an ihrem östlichen Ende bei Pramort. Die Hohe Düne von Pramort und die sie umgebenden Primärdünenfelder sind Zeugnis dafür, wie auch hier durch Sedimentzufuhr aus dem Meer das Land Zuwachs erhält. Die Hohe Düne ist mit mehr als 13 m Höhe eine der höchsten an der vorpommerschen Küste. Mit einer Fläche von etwa 100 ha ist der Bereich der allerersten Dünenbildungen, der sogenannten Primärdünen, sehr ausgedehnt. Wie im Falle der Dünenbereiche am Darßer Ort ist es der Strandhafer, der die schwierigen Lebensbedingungen auf dem größten Teil der Dünenflächen am besten meistert und zur Vergrößerung und Verfestigung der Dünen beiträgt. Und ebenso wie am Darßer Ort hat sich landeinwärts von den Dünen ein Kiefernwald gebildet. In den tiefer gelegenen Dünentälchen bilden sich vermoorte Stellen. Die Kiefern und Birken, die hier wachsen, leben an der Grenze ihrer Existenzfähigkeit. Sie können trotz ihres zumeist kleinen Wuchses bereits ein recht hohes Alter erreicht haben.
Östlich von Pramort, dem östlichsten Punkt der Halbinsel Darß/Zingst, erstreckt sich eine Kette kleinerer Inseln *(Werderinseln)* und einer größeren Insel, dem *Bock*. Selbst hier ist neues Land aus Material entstanden, das an der Westküste der Halbinsel abgetragen und vom Meer um Darßer Ort herum transportiert worden war. Im Falle des Bock hat bei der Landentstehung allerdings der Mensch nachgeholfen, indem seit 1896 Aufspülungen an der Stelle der heutigen Insel durchgeführt wurden. Dies hatte den Sinn, den nach Osten treibenden Sand daran zu hindern, die Fahrrinne

Im Nationalpark Vorpommersche Boddenlandschaft liegt der größte Kranich-Rastplatz Mitteleuropas. Alljährlich sammeln sich hier im Herbst ungefähr 30000 Kraniche, bevor sie zu ihrer Weiterreise nach Spanien oder Nordafrika starten. Auch während der Rast kann man Kraniche bei ihren Tanzsprüngen beobachten.

zwischen dem Bock und dem Gellen der Insel Hiddensee zu blokkieren, denn nur eine geringe Entfernung trennt die beiden Gebiete. Später wurde der Bock aufgeforstet, wobei auch standortfremde Baumarten wie Kanadische Pappel und Robinie benutzt wurden. Der Bock gehört wie der Gellen, die Werderinseln und der ganze östliche Teil des Zingst zur Kernzone des Nationalparks.

Vor den Werderinseln befindet sich ein Bereich, der in dieser Form an der deutschen Ostseeküste einmalig ist: das *Windwatt*. Es handelt sich um ein etwa 10 km langes Flachwassergebiet, das – anders als die Wattengebiete der Nordseeküste – nicht regelmäßig trockenfällt. Nur bei ablandigen Winden, die das Wasser hinaus in die Ostsee drängen, liegt das Sandwatt in seiner ganzen Ausdehnung manchmal tagelang trokken. Bei Seewind ist es hingegen völlig überschwemmt. Die Gezeiten, die das regelmäßige Trockenfallen der Nordseewatten bewirken, sind hier in der Ostsee aufgrund der relativen Abgeschlossenheit gegenüber dem Atlantik und der geringen Größe dieses »Randmeeres« praktisch nicht spürbar, so daß sich keine großflächigen Wattgebiete bilden konnten. Wie in den Nordseewatten ist das Windwatt, falls es freiliegt, ebenfalls von Wasserläufen, den Prielen, durchzogen, die das ablaufende Wasser gegraben hat. Und noch eine Eigenschaft teilt das Windwatt mit den eigentlichen Wattgebieten der Nordsee: es beherbergt eine außerordentlich große Zahl von Lebewesen, von Bakterien und einzelligen Algen über verschiedene Würmer bis zu Muscheln und Schnecken, die eine wichtige Nahrungsbasis für durchziehende Vogelarten darstellen.

Der Nationalpark besitzt in den Flächen östlich des Zingst Flachwasserbereiche von überregionaler und internationaler Bedeutung, da sie eine wichtige Funktion als Durchzugs- und Rastraum nordeuropäischer Zugvögel erfüllen, vor allem für den Kranich, für Watvögel sowie für Schwäne, Gänse und Enten. Während ein Teil dieser Arten – beispielsweise der Kranich – das Gebiet nur kurzzeitig, dafür aber in großer Anzahl, im Herbst und Frühjahr auf dem Durchzug aufsucht und sich die Vögel für die nächste Etappe ihres Zuges ein Nahrungspolster anlegen, überwintern andere Arten im Nationalpark.

Das Gebiet der Werderinseln und des Bock stellt den größten Kranichrastplatz Mitteleuropas dar. Zeitweise halten sich hier zur Rast während des Zuges zwischen den Brutgebieten und dem Winterquartier in Südwesteuropa (vor allem Extremadura/Spanien) an die 30 000 Kraniche auf, ein Großteil des nordeuropäischen Bestandes! Die größten Kranichkonzentrationen sind Ende September/ Anfang Oktober zu beobachten; die Vögel verbringen den Tag in kleineren Gruppen auf den Äckern des Umlandes und fallen zur Nachtruhe an den Sammelschlafplätzen ein, deren wichtigste der Bereich Werderinseln/Bock, die

Insel Kirr und die Udarser Wiek/Westrügen sind. Im Frühjahr erreichen die Zahlen nicht die gleichen Höhen wie im Herbst, da sich die Vögel auf dem Flug in die Brutgebiete nur kurze Zeit zum Rasten aufhalten. Die Existenz von Gebieten wie den genannten, in denen sich die Kraniche ungestört erholen und Energie für den Weiterflug sammeln können, ist für sie lebenswichtig, da sie sonst die Strapazen des Zuges möglicherweise nicht überstehen könnten.

Es ist überaus beeindruckend, während der Zeit ihres Durchzuges den abendlichen Einflug von Hunderten oder Tausenden von Kranichen in die Gebiete des Windwatts zu erleben. Bei Pramort ist zu diesem Zweck ein Beobachtungsturm aufgestellt. Da die Vögel beim Einflug sehr scheu sind und bei Anwesenheit von Menschen auf dem Deich beim Beobachtungsturm möglicherweise wieder abdrehen würden, sollte man bei diesen Gelegenheiten besonders darauf achten, daß nur vom Beobachtungsturm aus beobachtet wird.

Die 18,6 km^2 große Insel *Hiddensee* erstreckt sich wie ein langer Finger in Nord-Süd-Richtung in den Gewässern vor der Westküste der Insel Rügen. Ebenso wie Darß und Zingst hat auch sie ihr Erscheinungsbild in den letzten Jahrhunderten sehr verändert. Der Norden der Insel, der sogenannte Dornbusch, stellt einen alten eiszeitlichen Moränenkern dar, der vom Meer allmählich abgetragen wird. Hier befindet sich die einzige Steilküste des Nationalparks. Sowohl der südliche Teil der Insel, der sogenannte Gellen, als auch die beiden fingerartigen Verlängerungen im Norden, der Alte und Neue Bessin, wachsen weiterhin durch die Anlandung neuen Sedimentes, das zum großen Teil vom Dornbusch stammt.

Der Dornbusch, der bereits seit 1937 Naturschutzgebiet ist, bildet ein welliges Hügelland aus eiszeitlichem, ton- und sandhaltigem Material. Ein ausgeprägtes Steilufer mit einem geröllübersäten Strand schließt ihn nach Westen ab. Dieses Steilufer ist mit einer Höhe von 72 m nach der Kreideküste von Jasmund auf Rügen immerhin das zweithöchste der deutschen Ostseeküste. Die herrschende Küstendynamik ist mit Abbrüchen und Rutschungen deutlich sichtbar.

Auf dem Dornbusch, nördlich der Ortschaft Kloster, befindet sich das größte Waldgebiet der Insel. Einst war Hiddensee nachweislich wesentlich stärker bewaldet; besonderer Raubbau an den Waldungen wurde im Dreißigjährigen Krieg betrieben. Die heutigen Waldflächen auf dem Dornbusch bestehen zumeist aus aufgeforsteten Kiefernbeständen, denen Bergahorn (ebenfalls künstlich eingebracht), Buchen und Eichen beigemischt sind.

Die seewärtigen Hänge bieten naturnahe, artenreiche Strauchgesellschaften mit Weiß- und Kreuzdorn, Heckenkirsche, Hasel, Blutrotem Hartriegel, Wildrosen und anderen Arten. Am Klippenrand stehen prächtige, baumförmig gewachsene Weißdornexemplare.

Wer aufmerksam vom Strand aus das Dornbuschkliff absucht, wird an manchen Stellen größere Anzahlen kleiner Öffnungen im Steilabbruch finden, um die kleine Schwalben wie überdimensionierte Motten schwirren. Es handelt sich um die Brutröhren von Uferschwalben. Diese kleinste, in Kolonien brütende Schwalbenart Europas gräbt aktiv ihre Brutröhren in Steilhänge aus Lockermaterial. Da in Mitteleuropa mit der zunehmenden Verbauung von Flußufern ihre natürlichen Brutplätze vielerorts weitgehend verschwunden sind, findet man Uferschwalben in vielen Gegenden nur noch in Sand-, Kies- und Tongruben vor. Hier auf Hiddensee kann man sie noch an einem natürlichen Brutplatz beobachten. Neben den Uferschwalben kommen auch Mehlschwalben vor, die an ihrem leuchtend weißen Bürzel zu erkennen sind. Im Winterhalbjahr lohnt sich ein Besuch der Steilküste für Vogelfreunde in

In steilen Küstenklippen graben sich die zierlichen Uferschwalben lange Brutröhren – dort sind sie vor den Nachstellungen der Raubtiere sicher.

Im Mittelteil der Insel Hiddensee, südlich des Fischerortes Vitte, liegt die Dünenheide. Sie nimmt derzeit eine Fläche von etwa 120 Hektar ein. Da sich hier Material anlagert, das vom nördlich gelegenen Dornbusch stammt, kann sich die Fläche im Laufe der Zeit noch vergrößern. Die Heide ist durch traditionelle Nutzungsformen wie Plaggenhieb, Holzentnahme, Beweidung mit Schafen, Brand und Imkerei entstanden.

Heidelandschaft auf der Insel Hiddensee. Anspruchslose Zwergsträucher wie Besenheide, Krähenbeere und Kriechweide bedecken den kargen Sandboden. Dort herrscht ein reiches Insektenleben.

besonderem Maße, da dann viele Wintergäste (vor allem Meeresenten und Seetaucher) die Gewässer um die Insel aufsuchen und von der Klippe herab gut beobachtet werden können.

Auf weiten Teilen des Dornbusch (nördlich des Leuchtturms) sind große Flächen mit einem undurchdringlichen Dickicht aus Sanddorn, eingestreutem Holunder und mehreren Wildrosenarten bestanden. Mit etwas Glück lassen sich im Sanddorngebüsch Vögel wie Dorngrasmücke oder Sprosser beobachten. Vor allem letzterer ist hier Charaktervogel. Dieser unscheinbar gefärbte Vogel ist ein naher Verwandter der Nachtigall, besitzt aber einen kräftigen, weniger flüssig klingenden Gesang, der weithin zu hören ist. Zu den Zeiten des Vogelzuges halten sich im Sanddorngebüsch viele Kleinvögel auf. Im Herbst finden sie mit den Früchten von Sanddorn und Holunder eine reiche Nahrungsquelle vor. Hiddensee liegt auf einer »Zugstraße« zwischen Skandinavien und Mitteleuropa, so daß hier der Vogelzug besonders in Erscheinung tritt.

Das nach Osten geneigte Hügelland des Dornbusch ist mit artenreichem Sandtrockenrasen bedeckt, der durch Schafbeweidung entstanden ist. Der Reichtum an Blumen und verschiedenen Grasarten, die den Flächen eine jeweils unterschiedliche Tönung verleihen, ist augenfällig. Im Frühjahr blühen Grasnelken, später gesellen sich prächtige Exemplare des blaublühenden Natternkopfes, die purpurfarbene Gemeine Ochsenzunge und Königskerzen hinzu. Sanddorn und Besenginster bilden kleine Gebüsche. Von diesem reichen Pflanzenangebot profitiert auch ein vielfältiges Insektenleben. So wie der Artenreichtum dieser Flächen durch extensive Beweidung entstanden ist, kann er auch nur bei weiterer Beweidung erhalten werden.

Der Alte und der Neue Bessin stellen Schwemmlandflächen dar, die bei ihrer Entstehung aus dem Meer in einer charakteristischen Abfolge von Pflanzen besiedelt worden sind und weiterhin besiedelt werden. Auf den am ehesten unter Salzwassereinfluß stehenden, strömungsarmen Flachbereichen stellt sich als erstes der Queller ein, der am besten an den Salzgehalt des Wassers angepaßt ist. Andere Pflanzen wie die Salzmiere folgen. Beide Arten besitzen in ihren verdickten Sprossen beziehungsweise Blättern wasserspeicherndes Gewebe – eine Anpassung an die salzhaltige Umwelt. Wo ein Sandstrand ausgebildet ist, wachsen der rosa blühende Meersenf und der seltene und ostwärts nur bis Rügen vorkommende Meerkohl mit seinen großen Blättern. Kleine Primärdünen zeigen Stellen erhöhter Sandzufuhr an. Die inneren und somit ältesten Bereiche von Altem und Neuem Bessin sind mit Sanddorn und Holunder bewachsen.

Eine Kostbarkeit des Neuen Bessin sind die großen, kaum bewachsenen Schwemmsandflächen an seinem Ende. Auf solchen Flächen brüten zwei höchst seltene Küstenvögel: Sandregen-

pfeifer und die kleinste der europäischen Seeschwalben, die Zwergseeschwalbe. Die vegetationsarmen Strände werden überall entlang der Küsten vom Badebetrieb beansprucht, so daß es für die genannten Arten kaum noch ungestörte Brutplätze gibt. Daher ist es verständlich, daß die Südspitze des Neuen Bessin in die Kernzone des Nationalparks aufgenommen wurde und nicht betreten werden darf. Gleiches gilt für die Spitze der dem Neuen Bessin gegenüberliegenden und zur Insel Rügen gehörenden Halbinsel des Bug.

Zwischen den Ortschaften Vitte und Neuendorf besteht ein weiterer besonders wertvoller Bereich der Insel: die Dünenheide. Diese ausgedehnte Heidefläche, zwi-

schen See- und Boddenseite der Insel gelegen, wird durch den kontinuierlichen Sandeintrag von der Seeseite her beeinflußt. Es ist, wie die Magerrasen des Dornbusch, ein Lebensraum, der erst unter menschlichem Einfluß entstanden ist. Der einstmals hier wachsende Wald aus Birken, Kiefern und Eichen ist durch früheren Raubbau und die Beweidung mit Schafen zerstört worden, und niedrig wachsende, genügsame und gegen den Tritt der Tiere resistentere Zwergsträucher breiteten sich aus. Besenheide (das bekannte »Heidekraut«) und die auch in anderen Dünengebieten im Nationalpark (Darßer Ort) auftretende Krähenbeere sind die Hauptbestandsbildner, denen die Kriechweide, eine echte Weide, beigesellt ist. Wacholderbüsche deuten ebenfalls auf die Beweidung hin, da sie ihrer spitzen Blätter wegen nicht gefressen wurden und überdauerten. In Senken, die vom starken Wind bis auf den Grundwasserstand ausgeblasen wurden, können sich kleine vermoorte Stellen bilden; hier kommt als weitere Zwergstrauchart die Glockenheide vor.

Zwergsträucher wie das Heidekraut können nur auf sehr offenen Flächen überdauern, wo eine konstante Verjüngung möglich ist. Im Schatten von Bäumen kümmern sie, Jungpflanzen kommen nicht mehr hoch. So ist es zu erklären, daß Heiden durch Beweidung gefördert werden, denn das Vieh frißt junge Bäume, Sträucher und Gräser und hält so die Fläche offen; außerdem regt es durch das Anknabbern der jungen Triebe der Zwergsträucher selbst diese zum neuen Austrieb an. Weitere Faktoren, die bei der Fernhaltung von Bäumen eine Rolle spielten, waren periodische, intensive aber kurze Brände, die die Zwergsträucher überlebten, sowie der »Plaggenhieb«, bei denen große Soden von Heidekraut samt dem darunter gebildeten Rohhumus

Das 72 m hohe Steilufer am Dornbusch/ Hiddensee (Foto links) ist die zweithöchste Steilküste an der Ostseeküste. Sie bietet an vielen Stellen malerische Ausblicke. Eine der auffälligsten Pflanzen der Dünenheide auf Hiddensee ist die Besenheide, die ab August die Landschaft mit einem violetten Blütenteppich überzieht (Foto nächste Doppelseite).

abgetragen und meist als Stalleinstreu oder zum Heizen verwendet wurden. Auch durch die Überwehung mit Sand entstehen in der Dünenheide neue Offenflächen, die von den Zwergsträuchern erneut besiedelt werden können.

Das Gebiet der Dünenheide ist auch heute noch, nach Jahrhunderten fehlender Waldbedekkung, in weiten Bereichen potentielles Waldland. Ohne Eingreifen des Menschen würden sich Birken und Kiefern als Pionierbaumarten wieder einstellen, manche Flächen würden vergrasen. Da Heiden heutzutage für viele Tier- und Pflanzenarten oftmals außerordentlich wichtige Lebensräume sind, läßt man hier – entgegen der Zielsetzung auf anderen Flächen des Nationalparks – der Natur nicht freien Lauf, sondern ist bemüht, die Flächen durch geeignete Eingriffe weiterhin waldfrei zu halten; aus diesem Grund wurde die Dünenheide in die Schutzzone II aufgenommen.

Die Dünenheide besitzt einige charakteristische Brutvögel. Neben Feldlerche und Grauammer ist vor allem der Steinschmätzer erwähnenswert, der im Flug an dem schwarzen »T« im leuchtend weißen Schwanz erkannt werden kann. Zu Zugzeiten und im Winter lassen sich auch in der Dünenheide viele Durchzügler und Wintergäste beobachten.

Südlich von Neuendorf erstreckt sich auf mehreren Kilometern das flache Schwemmland des Gellen. Er besteht aus einem reichhaltigen Mosaik aus trockenen und feuchten, salzbeeinflußten und salzfernen Standorten. Der Südteil des Gellen ist als Bestandteil der Kernzone des Nationalparks für Besucher gesperrt, um die vielen hier brütenden Vögel (darunter Brandgans, Austernfischer, Mittelsäger, Sandregenpfeifer) oder – im Winterhalbjahr – um die rastenden Gänse und Watvögel nicht zu stören.

Der Nationalpark Vorpommersche Boddenlandschaft umfaßt in seinem östlichen Bereich Teile der Insel Rügen sowie die Süd- und Nordspitzen der Rügen vorgelagerten Insel Ummanz. Da die westliche Küstenlinie von Rügen durch die Insel Hiddensee gegenüber der offenen See geschützt ist, haben sich hier mangels der Abtragung durch das Meer weder eine Steilküste noch ausgedehnte Sandstrände bilden können. Statt dessen stellt sich die Küste dar als eine tief zerlappte, flache Boddenküste (Schaproder Bodden, Kubitzer Bodden, Koselower See, Udarser Wiek).

Den nordöstlichen Abschluß des Nationalparks bildet die Fortsetzung der Halbinsel Wittow, der *Bug*, der sich fast bis zum Bessin der Insel Hiddensee erstreckt und mit einer Fläche von mehr als 500 ha den größten Sandhaken Rügens darstellt. Diese Halbinsel gehört zu den bedeutendsten Sandablagerungen Rügens. Hier wird Material, das vom Meer an den Steilküsten von Wittow und Hiddensee abgetragen wurde, angelagert. Dadurch wächst der Bug ständig weiter, alljährlich wird er um fast einen halben Meter breiter. Da dieser Landentstehungsprozeß auch beim Bessin und bei der großen Sandplatte der Bessinschen Schaar anhält, könnten alle drei Gebiete in wenigen Jahrhunderten Teil der Insel Hiddensee werden. Gleichzeitig mit der Landwerdung laufen auch die Prozesse der Dünenbildung und die Verlandung der Boddengewässer ab. Um diese Vorgänge ungestört wirken zu lassen, wurden große Teile des Bug in die Kernzone aufgenommen.

Mehr als die Hälfte der zum Nationalpark gehörenden Fläche des Bug ist im 19. Jh. aufgeforstet worden. In den kahlen Flächen dazwischen leiten Pioniergehölze wie Kiefer, Birke oder Aspe die natürliche Waldentwicklung ein. Zur Boddenseite hin erheben sich zwischen Strandseen und feuchten Senken höhergelegene Strandwälle, auf denen Kiefern und Wacholder wachsen. An der Ostküste des Bug ist heute noch der natürliche Übergang von Wald über Brackwasserröhricht zu Bodden erhalten; normalerweise wurden gerade diese Bereiche in Grünland umgewandelt. Aus diesem Grund stellt der Bug eine Besonderheit dar.

Besondere Erwähnung müssen im Nationalpark die »Vogelinseln« finden. Es sind vor allem die Inseln *Oie* und *Kirr* im Barther Bodden gegenüber Zingst, die Inseln *Heuwiese* und *Libitz* vor der Westküste Rügens sowie die *Fährinsel* bei Hiddensee. Diese Flächen haben eine überregionale Bedeutung als Brutplatz für See- und Küstenvögel, von denen viele bundesweit zu den bedrohten Arten gezählt werden müssen. Früher, vor der tiefgreifenden Umgestaltung der Landschaft durch den Menschen, besaßen viele dieser Arten eine große Zahl von Brutplätzen, zum Teil auch weit im Binnenland, wurden aber – vor allem seit Mitte des letzten Jahrhunderts – auf nur noch wenige Brutplätze in heutiger Zeit zurückgedrängt. Zumeist verblieben nur einige wenige »Vogelinseln« an den Küsten als Orte, wo ungestört eine Brut erfolgen konnte. Daher beherbergen diese wenigen Inseln für eine ganze Reihe von Arten einen bedeutenden Teil der deutschen Brutbestände. Die Tatsache, daß zu Zugzeiten die gleichen Arten unter Umständen in sehr großer Anzahl im gleichen Gebiet vorkommen können, darf über ihre Seltenheit als Brutvogel nicht hinwegtäuschen!

Die Inseln dürfen in der Regel nicht betreten werden; in manchen Fällen (Oie, Kirr, Fährinsel) liegen sie jedoch dem Ufer so nahe, daß man mit einem Fernglas einen Einblick in das Geschehen auf den Inseln erlangen kann. Auf der Insel Kirr werden als Besucherangebot im Nationalpark in den Monaten Mai bis Juli Führungen durch fachkundige Vogelwärter durchgeführt. Das Betretungsverbot ist sonst unumgänglich, um diesen Inseln ihren überragenden Wert als Brutstätte seltener Arten zu erhalten. Neben einer großen Zahl von Entenarten (darunter auch seltenere Arten wie Krick-, Knäk-, Kolben-, Pfeif- und Schnatterente sowie Mittelsäger)

Mit seinen schrillen Rufen macht der Austernfischer schon von weitem auf sich aufmerksam.

brüten auch Wat- und Möwenvögel auf den Inseln. Besondere Bedeutung kommt hierbei den Bruten von Kampfläufer, Alpenstrandläufer (einer der wenigen verbliebenen deutschen Brutplätze) und einer größeren Zahl von Säbelschnäblern zu. In den großen Kolonien der Lachmöwe schreiten in den letzten Jahren als ornithologische Kostbarkeiten einige Paare der Schwarzkopfmöwe sowie der Zwergmöwe zur Brut. Ausgehend von ihrem eigentlichen Verbreitungsgebiet, der ukrainischen Schwarzmeerküste, besiedelte die Schwarzkopfmöwe in den 60er Jahren überraschend erstmals die deutsche Ostseeküste. Der Verbreitungsschwerpunkt der Zwergmöwe liegt in Nordosteuropa. Von dort aus dehnt sie ihr Brutgebiet immer weiter nach Westen aus.

Neben Kolonien von Fluß- und Brandseeschwalben fanden sich in den letzten Jahren alljährlich ein bis zwei Paare von Raubseeschwalben auf einer der Vogelinseln ein, die damit für diese Vogel-

art den einzigen deutschen Brutplatz darstellt.
Die unbewaldeten Vogelinseln verdanken ihr heutiges Aussehen weitgehend dem Wirken des Menschen. Über Jahrhunderte hinweg wurden im Sommerhalbjahr Rinder zur Beweidung auf den Inseln gehalten. Es entwickelte sich mit der Zeit durch Tritt und Beweidung ein Grasland mit einer Reihe von salztoleranten Arten. Durch die Bodenverdichtung entstand sogar stellenweise eine Torfschicht. Da die Beweidung wenig intensiv war, verblieb auf den offenen Flächen genug Platz für die brütenden Vögel, und die Störungen durch die wenigen Rinder waren gering. Als Offenflächen können die Inseln jedoch nur erhalten werden, wenn vom Menschen weiterhin eingegriffen wird – entweder durch eine Fortführung der extensiven Beweidung oder durch andere Maßnahmen. Überließe man die Inseln sich selbst, würde sich im Laufe der Zeit auf den Flächen, in die Boddenwasser eindringen kann, ein Schilfröhricht einstellen, wie es andere kleine Inseln in den Boddengewässern des Nationalparks aufweisen; höhergelegene Teile würden verbuschen.

Die Tierwelt im Nationalpark Vorpommersche Boddenlandschaft

Die vielfältigen Lebensräume der Vorpommerschen Boddenlandschaft bieten einer sehr reichhaltigen Tierwelt Lebensraum. Auf die wichtigsten Vogelarten wurde bereits im Zusammenhang mit den Lebensräumen eingegangen, deshalb werden im folgenden nur die anderen Tiergruppen erwähnt.
Der Darß mit seinem hohen Strukturreichtum etwa ist als natürlicher Standort für Großtiere wie Rothirsch und Wildschwein gut geeignet. Während sich das Wildschwein gern in Feucht- und Bruchwäldern aufhält, sind für den Rothirsch auch offene Landschaften als Standorte für Äsung und Brunft wichtig. Solche traditionellen Brunftplätze sind beispielsweise der Darßer Ort und die Buchhorster Maase. Es gehört sicherlich zu den eindrucksvollsten Erlebnissen im Nationalpark, an einem nebelumwaberten Herbstabend das Röhren des »Königs der Wälder« zu vernehmen.
Der Darßwald war aufgrund seiner guten Voraussetzungen für Großwild jahrzehntelang Staatsjagdgebiet. Im Lauf der Zeit wurden hier systematisch Wilddichten aufgebaut, die das naturverträgliche Maß inzwischen überschritten haben. 1937 wurden auf dem Darß vom Forstmeister Franz Mueller sogar Wisente ausgesetzt, an denen auch der jagdbesessene Hermann Göring lebhaftes Interesse zeigte. Die einsame Halbinsel schien für derartige Tiere gleichsam prädestiniert. Die Wisentbestände wurden jedoch in den Wirren zu Kriegsende vernichtet.
Ein weiteres bemerkenswertes Säugetier ist noch hin und wieder in den einsamen Sumpfgebieten

der Vorpommerschen Boddenlandschaft anzutreffen: der Fischotter. Dieser scheue Wassermarder ist in Mitteleuropa im größten Teil seines einstigen Verbreitungsgebietes längst ausgestorben. Die Nachstellungen der Menschen, die ihn als Nahrungskonkurrent unerbittlich verfolgten, und die Verbauung der Flüsse haben ihren Tribut gefordert. Eine neue Gefahr ist die Erschließung seiner Lebensräume für die Freizeitnutzung sowie der zunehmende Autoverkehr. Nicht wenige »Fischotter-Nachweise« werden in Form überfahrener Tiere erbracht. Doch auch die Reusen der Boddenfischer werden den Wassermardern immer wieder zum Verhängnis.

Ein besonders stattlicher Vertreter der aquatisch lebenden Tierwelt ist die Kegelrobbe, das größte im Nationalpark regelmäßig (wenn auch in sehr geringer Anzahl) zu beobachtende Meeressäugetier. Das Männchen mit seiner etwas an einen überdimensionalen Hundeschädel erinnernden Physiognomie erreicht immerhin bis zu 3 m Länge und wird damit erheblich größer als der im gleichen Gebiet vorkommende Seehund. Im Gegensatz zu dieser allgemein bekannten und beliebten Art ist die Kegelrobbe nur den wenigsten Menschen ein Begriff. Sie gehört inzwischen zu den seltensten Hundsrobbenarten. Neben den europäischen und amerikanischen Populationen im Atlantik und in der Nordsee existiert auch noch eine Ostseeform, die sich jedoch vorwiegend auf die nördlichen und östlichen Bereiche beschränkt. An der vorpommerschen Boddenküste erreicht die Ostsee-Kegelrobbe ihre südwestliche Verbreitungsgrenze. Einzelexemplare dieser stark bedrohten Art können bisweilen auf Schifffahrten beobachtet werden. Im Februar und März werden die Jungen auf abseits gelegenen Fels- oder Sandstränden geboren, nach 4 – 5 Wochen sind sie dann fähig zu schwimmen.

Ein weiteres für die Boddenlandschaft typisches Meeressäugetier ist der Schweinswal. Er gehört mit einer Länge von maximal 1,8 m zu den kleinsten Walen und ist ein naher Verwandter der Delphine. Im Frühsommer ziehen die Schweinswale zum Kalben in die Flachwasserzonen zwischen Kühlungsborn und Hiddensee. Der Schweinswal ist wie die Kegelrobbe ein extrem seltener Bewohner der küstennahen Meerbereiche und Bodden Mecklenburg-Vorpommerns und nur mit sehr viel Glück zu beobachten.

Auch die Fischwelt des Nationalparks ist recht charakteristisch und zeichnet sich durch eine interessante Mischung von normalerweise entweder in reinem Salz- oder Süßwasser lebenden Arten aus.

Die Ostsee gehört ähnlich wie das Schwarze Meer zu den größten Brackwassergebieten der Erde und bietet diesbezüglich toleranten Fischarten einen reichen Lebensraum. Die »Darßer Schwelle« zwischen dem Darß und der dänischen Insel Falster trennt dabei salzhaltigeres Wasser im Westen von deutlich ausgesüßterem weiter östlich. Im flachen Wasser der Ostsee leben vor allem verschiedene Arten der Plattfische wie die Seezunge, die Kliesche sowie Glatt- und Steinbutt. Hier existiert auch eine besondere Form des Herings, die sich durch eine geringere Wirbelzahl und Körpergröße von ihren in der Hochsee lebenden Unterarten abhebt. Auch der Dorsch als ein weiterer bekannter Meeresbewohner bleibt in der Ostsee durchweg kleiner als anderswo. Er besiedelt hier die tieferen Bereiche.

In den trüben Gewässern der Bodden lebt eine andere Fischfauna. Hier findet man Süßwasserfische wie Zander, Brachse (Blei) und Plötze neben Meerarten wie Scholle und Flunder. Der Stint beispielsweise, ein kleiner lachsartiger Fisch, bildet sowohl Meer- und Brackwasser- als auch reine Süßwasserformen aus; letztere sind schlanker und besitzen größere Augen.

Ein Jäger des freien Wassers ist der Zander, der wegen seines hechtähnlichen Körperbaus auch Hechtbarsch genannt wird; pflanzenreiche Uferregionen meidet er. Erst mit Einbruch der Dämmerung ziehen die ausgewachsenen Brachsen in die flacheren Uferbereiche zur Nahrungssuche, während sich die Jungfische dort entwickeln. Zur Laichzeit versammeln sich die Fische in flachen, pflanzenreichen Uferzonen, wo die Eier an den Pflanzen haften. Diese hochrückigen Karpfenfische können gut einen halben Meter lang werden.

In den Boddengewässern kann man neben den gewöhnlichen Dreistacheligen Stichlingen auch den Seestichling antreffen. Während ersterer zum Laichen ins Süßwasser zieht, verbleibt der Seestichling in den küstennahen Gewässern, verhält sich aber, was das charakteristische Fortpflanzungsverhalten mit Nestbau und Bewachung durch das Männchen angeht, ansonsten wie sein Dreistacheliger Verwandter.

Auf Sandböden zwischen Seegras haust etwa die bis 15 cm lange Schwarzgrundel. Sie lebt meist paarweise, wobei das Männchen die Eier und Jungfischchen bewacht. In der Nordsee fehlt die Schwarzgrundel, kommt andererseits aber an den Küsten der Biscaya und vor Norwegen wieder vor. Beim Butterfisch übernehmen beide Elternteile die Bewachung der Brut. Wie bei vielen Bodenfischen machen die Jungtiere zunächst eine mehr oder weniger planktonische Freiwasserphase durch, bevor sie die ortsgebundene Lebensweise ihrer Eltern wieder annehmen. Der Butterfisch, ein langgestreckter Geselle, dessen Rückenflosse mit auffälligen dunklen Pfauenaugenflecken gesäumt ist, ist ein Bewohner des sandigen, tangbewachsenen Flachwassergürtels mit einzelnen Steinen. Er erträgt über kürzere Zeit sogar völliges Trockenfallen, wobei er sich zwischen Tangbüschel oder in den Boden einwühlt.

Ein absonderliches Aussehen hat auch der Steinpicker. Bei ihm stehen flügelartige Brustflossen be-

In den schilfumstandenen Boddenbuchten fühlt sich der Laubfrosch wohl. Mit Hilfe von Haftscheiben an den Zehen und Fingern klettert er geschickt im Pflanzengewirr.

nachbart zu den fadenförmigen Bauchflossen, der kantige langgezogene Körper trägt plattenartige Gebilde, die der Familie »Panzergroppen«, zu denen das Tier gehört, den Namen gaben. Um das unterständige Maul sind Hautfransen entwickelt, die Rückenflossen tragen Stachelstrahlen. So entsteht ein recht abenteuerlicher Eindruck auf den Beschauer. Auch der aus einer verwandten Familie stammende Seeskorpion verfügt über ein ähnlich stachelig wirkendes Image, welches zur Vorsicht im Umgang mit dem Tiere mahnt.

Auch die Tierwelt der landseitig an den Küstensaum anschließenden Feuchtbiotope ist recht reichhaltig. Hier sind neben den Vögeln vor allem die Amphibien zu erwähnen. Brackige Tümpel in Strandnähe dienen zum Beispiel der Kreuzkröte zum Ablaichen. Aus den schilfumstandenen Boddenbuchten ertönt in Mainächten das laute Konzert der Laubfrösche. Die nassen Erlenbrüche der Riegen sind der bevorzugte Lebensraum des Moorfrosches. Der Kleine Teichfrosch dagegen mag es wärmer, er besiedelt am liebsten die Uferbereiche besonnter Weiher und vegetationsreicher Tümpel. Dort ist auch die Ringelnatter zuhause, zu deren Lieblingsbeute dieser Froschlurch gehört.

Neben den Wasserflächen, den Salzwiesen, Sümpfen und Waldgebieten weisen auch die Dünengebiete, Trockenrasen und Heiden des Nationalparks viele charakteristische Tierarten auf. Unter ihnen finden sich zahlreiche Formen, die ansonsten in weiten Teilen unserer Heimat fehlen. Zum einen liegt das daran, daß es hier noch traditionelle Nutzungsformen gibt, die andernorts bereits verschwunden sind. Zum anderen unterscheiden sich die genannten Lebensräume in ihrem Wärme- und Feuchtigkeitshaushalt, dem sogenannten »Mikroklima«, oft grundlegend von ihrer Umgebung, so daß hier wärmebedürfti-

ge Arten einen ihnen zusagenden Lebensraum vorfinden.
Nur von Darß, Zingst, Rügen und einigen wenigen anderen Plätzen Ostdeutschlands ist der Queckenspinner bekannt, im Westen Deutschlands ist er seit langem ausgestorben. Obwohl aktuelle Nachweise fehlen, kommt die Art vielleicht auch heute noch in entsprechenden Lebensräumen des Nationalparks vor. Seine Vorzugsbiotope sind sandige Gebiete wie Dünen und lockerwüchsige Heiden. Während der Falter recht unscheinbar ist, prangt die Raupe in bunten Streifen. Ihre Futterpflanzen sind Beifuß, Ampfer und Schafgarbe. Ein naher Verwandter, der Wolfsmilchspinner, lebt in trockenen Sandgebieten und Heiden. Auch diese Art fehlt inzwischen vielerorts. Ein weiterer Bewohner dieser Gebiete ist der in Deutschland stark gefährdete Weiße Grasbär. Zur Raupennahrung gehört neben gewissen Gräsern auch Wegerich und Heidekraut. Ausschließlich an Wacholder frißt hingegen die Raupe des Spanners *Thera juniperata*.
Eine recht bemerkenswerte Heuschreckenart der Dünengebiete ist der Steppengrashüpfer, der sich hier weit außerhalb seines sonstigen Verbreitungsgebietes befindet, das in den Kontinentalräumen Europas liegt. Andere charakteristische Arten dieser Biotoptypen sind unter den Hautflüglern zu finden, zu denen Wespen, Bienen und Ameisen gehören. Charakteristische Bewohner von Trockenräumen sind etwa Sand- und Wegwespen, die – je nach Gattung und Art verschieden – auf unterschiedliche Insekten (Heuschrecken, Schaben, Wanzen etc.) und Spinnen Jagd machen. Die Beute wird mit dem Giftstachel gelähmt und oft in einer selbstgegrabenen Höhle oder in einer Mauerspalte als »Frischhaltenahrung« der Larven aufbewahrt. Doch auch diese wehrhaften Insekten sind Angriffen von verschiedener Seite ausgesetzt, wie etwa denen der herrlich bronzeschillernden Goldwespen. Diese Tiergruppe ist als Parasit bei solitär lebenden Bienen und Wespen bekannt. Das Weibchen der Goldwespe, von der es in Mitteleuropa einige Dutzend verschiedener Arten gibt, dringt in die von einer Weg- oder Sandwespe angelegte Kammer ein und legt dort ihre Eier ab. Dabei kann es vorkommen, daß die schlüpfenden Larven nicht selten mit Larven anderer parasitierender Wespenarten um die Vorherrschaft der Beute kämpfen müssen. Die Siegerin frißt dann nicht nur die entsprechende Wespenlarve, sondern unter Umständen auch die zu ihrer Nahrung bereitgestellten paralysierten Spinnen und Insekten.
Die Hiddenseer Dünenheide als die wohl wertvollste Restfläche dieser Art beherbergt neben den eben erwähnten Insekten auch eine reiche Lurch- und Kriechtierwelt, von denen nur die Kreuzotter (die hier häufig in der einfarbig schwarzen Farbvariante der »Höllenotter« vorkommt) sowie die Waldeidechse und die nachtaktive Wechselkröte erwähnt werden sollen.

Im Nationalpark Jasmund unterwegs

Der nur ungefähr 30 km² große Nationalpark Jasmund, im Nordosten der Insel Rügen gelegen, bietet dem Besucher die wohl großartigste Kreidesteilküste Deutschlands. Sie lädt sowohl zu Wanderungen am Hochufer durch dunklen Buchenwald als auch entlang des Strandes am Fuß der Klippe ein.

Ausflüge in den Nationalpark Jasmund

Um ein Gebiet »richtig« kennenzulernen, das so außergewöhnlich (und vielgestaltig) ist wie der hier vorgestellte Nationalpark, genügt es nicht, sich mal kurz mit diversen Verkehrsmitteln zu den touristischen Highlights zu begeben, das obligatorische Erinnerungsfoto zu schießen und sodann schnurstracks den nächstbesten Imbiß aufzusuchen. Den wahren Charakter einer Landschaft kann der naturverbundene Besucher immer noch am besten auf den (meist markierten) Wanderwegen erfahren. Dabei ist es allerdings manchmal unumgänglich, sich im Troß der auf ein bestimmtes Ziel fixierten Menschenmassen zu bewegen. Es gibt aber daneben noch genügend Gelegenheiten, Stille und Unberührtheit zu atmen. Stets sollte man sich aber vor Augen halten, daß eine solche Natur nur eine sehr begrenzte Anzahl des Stö-

Bei den Wissower Klinken, einem bekannten Aussichtspunkt an der Kreidesteilküste im Nationalpark, öffnet sich der Blick auf das tief darunterliegende Meer.

rungsfaktors »Mensch« verträgt, das bedeutet, daß man sich an die jeweiligen Ge- und Verbote strikt zu halten hat, will man nicht die Einzigartigkeit dieser Landschaft dem Wirtschaftsfaktor »Tourismus« opfern.

Zum Kennenlernen zu Fuß ist gerade der Nationalpark »Jasmund« sehr gut geeignet, denn er bietet auf überschaubarer Größe eine Vielzahl unterschiedlicher Lebensräume. Flächenmäßig am bedeutendsten sind die Buchenwälder der Stubnitz. Neben teilweise mehrhundertjährigen Buchenbeständen gibt es hier auch feuchte Bachschluchten sowie kleinere Moore und Stillgewässer. Verstreut liegende vorzeitliche Hügel- und Großsteingräber sowie slawische Burgwallanlagen sind weitere bereichernde Elemente. Den touristischen Höhepunkt stellt aber ohne Zweifel die Kreideküste der Stubbenkammer dar. Die Kreidewände sind von Klüften und tiefen Rinnen zerrissen, mal streben die Wände senkrecht, dann wieder schräg nach oben. Zur Entstehung der Kreide und der Steilküste s. S. 37. Etwas abseits liegen die aufgelassenen Kreidebrüche von Quoltitz, die mit ihren wertvollen Magerrasen und Tümpeln eine wichtige Bereicherung des Nationalparks darstellen; sie wurden bereits 1986 als Naturschutzgebiet ausgewiesen. In der Nähe der Quoltitzer Kreidebrüche befindet sich ein vorzeitlicher Opferstein sowie einige mittelalterliche Fürstengräber.

Als Ausgangspunkte für Wanderungen in das Schutzgebiet kön-

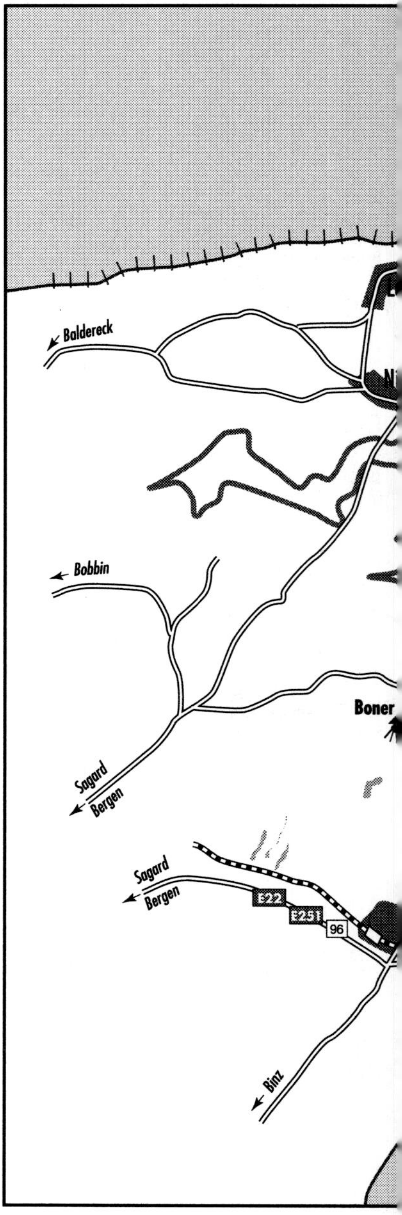

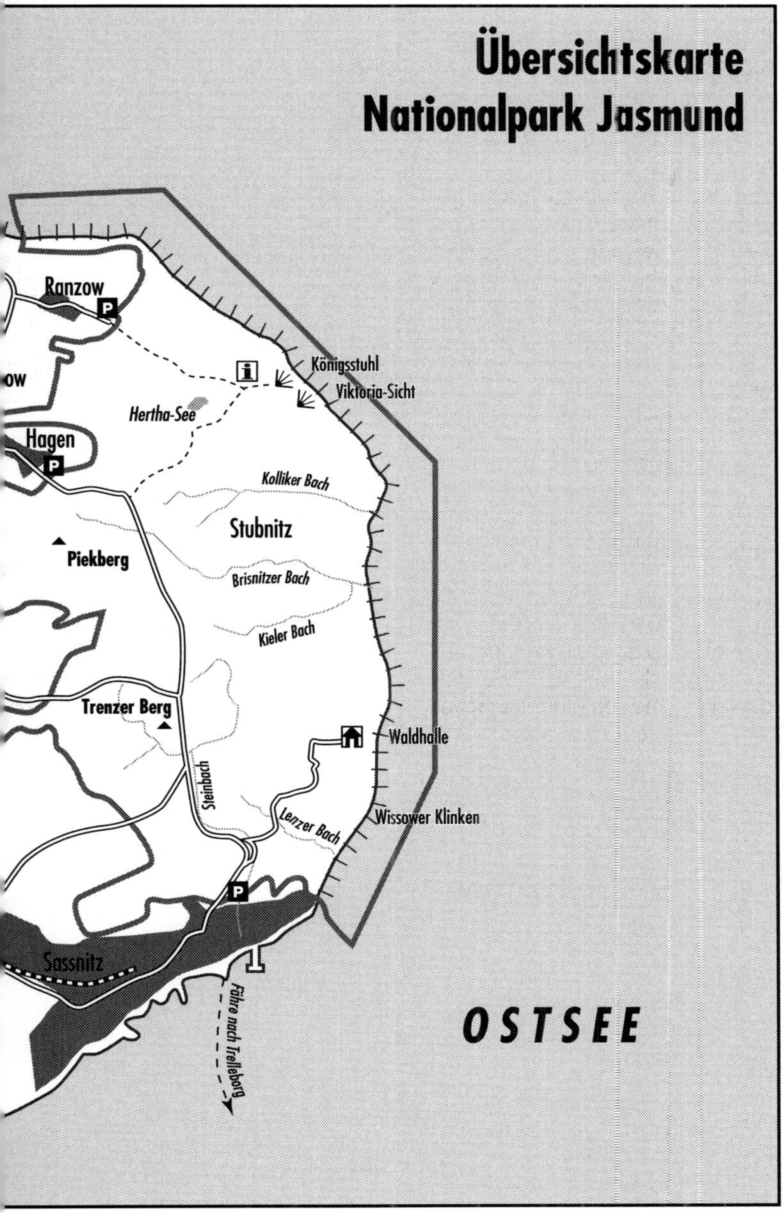
Übersichtskarte
Nationalpark Jasmund
Ranzow
ow
Hagen
Königsstuhl
Viktoria-Sicht
Hertha-See
Kolliker Bach
Stubnitz
Piekberg
Brisnitzer Bach
Kieler Bach
Trenzer Berg
Waldhalle
Steinbach
Lenzer Bach
Wissower Klinken
Sassnitz
Fähre nach Trelleborg
OSTSEE

Legende für alle Karten
Nationalparkgrenze
öffentliche Straße
nur für öffentl. Verkehr gesperrte Straße
Wanderwege
Information
Bushaltestelle
Parkplatz
Ortschaft
Aussichtspunkt
Wirtschaft
Aussichtspunkt
Burgwallanlage
Wegmarkierung
Schutzhütte, Unterstand
Großsteingrab
Findling

nen entweder Sassnitz (im Süden), der kleine Ort Lohme (im Norden) oder der – wohl am meisten frequentierte – große Parkplatz bei Hagen gewählt werden. Diesen erreicht man, indem man von der Straße von Sagard Richtung Lohme in Nipmerow rechts abbiegt. Nach wenigen hundert Metern ist der Parkplatz bereits erreicht. Hier muß man sein Fahrzeug abstellen (Tagesgebühr DM 10,–). Um eine übermäßige Verkehrsbelastung von Sassnitz und Hagen zu verhindern, wäre es zu überlegen, das ganze Gebiet durch geeignete Lösungen verkehrsmäßig zu entlasten.

Zum Königsstuhl

Der berühmte »Königsstuhl« bietet mit seiner Höhe von 117 m eine atemberaubende Aussicht auf die Rügener Kreidesteilküste und das offene Meer. Der Sage nach wurde dort auf einem Stuhl aus Stein der zum König gewählt, der die Steilküste von der Seeseite aus bezwang (s. S. 27).

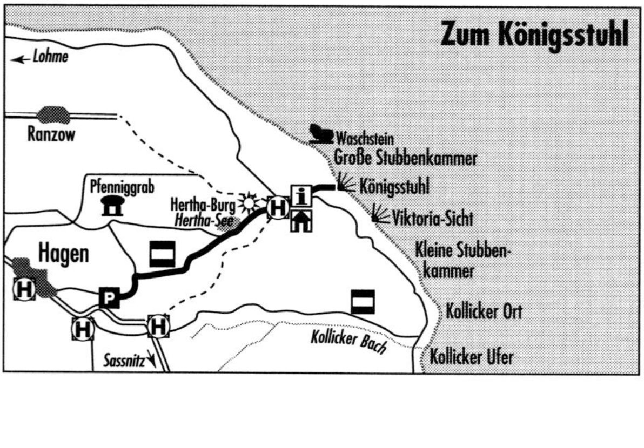

In seinem Gemälde Kreidefelsen auf Rügen hat Caspar David Friedrich höchstwahrscheinlich den Blick vom Königsstuhl mit Feuerregenfelsen auf Leinwand gebannt und nicht – wie oft angenommen – die Wissower Klinken. Der Königsstuhl ist *der* touristische Anziehungspunkt Rügens und demzufolge einem immerwährenden Ansturm der Besucher ausgesetzt. Manchmal bilden sich lange Menschenschlangen, die alle einen Blick von der kleinen Aussichtsplattform (es wird Eintritt erhoben) auf das berühmte Panorama werfen wollen. Um diesen Touristenansturm besser verkraften zu können, wurde hier Ende des Jahres 1993 eine geschwungene Holzbrücke errichtet, die aber aufgrund ihrer monströsen Form auf wenig Gegenliebe sowohl bei der ortsansässigen Bevölkerung wie auch bei der Nationalparkverwaltung stieß und kurze Zeit später wieder entfernt wurde.

Den Königsstuhl erreicht man über einen markierten Wanderweg (Markierung: Rechteck mit Grün-Weiß-Blau), der am Hagener Parkplatz (s. o.) beginnt. Er führt am sagenhaften Herthasee und der Herthaburg vorbei zum Königsstuhl.

Will man nicht den gleichen Weg zurückgehen, kann man am Königsstuhl den Hochuferweg in südlicher Richtung weitergehen bis zum Kollicker Bach. Der Weg führt durch feuchtschattigen Bachschluchtwald vom Kollicker Ort durch das gleichnamige Bachtal zur Fahrstraße Sassnitz – Ha-

gen (gleiche Markierung) und von dort zurück zum Hagener Parkplatz.
Man kann allerdings auch den Pendelbus besteigen, der täglich zwischen 8 und 20 Uhr viertelstündig verkehrt. Am Endpunkt im Buchenhochwald befindet sich das Gebäude der Nationalparkverwaltung, außerdem eine Einkehrmöglichkeit (Restaurant), eine Waffelbude und ein Laden mit Informationsmaterial und verschiedenen Souvenirs. Von dort aus sind es nur noch wenige Minuten zum Königsstuhl.
Besucher, die nicht gut zu Fuß sind, können nach einem kurzen Blick vom herrlichen Aussichtspunkt ab der Endhaltestelle Königsstuhl per Bus nach Sassnitz fahren; die Busse fahren stündlich bis 18.47 Uhr. Auch die Möglichkeit, per Taxi zurückzukommen, ist gegeben. Auf alle Fälle empfiehlt sich zumindest ein kurzer Spaziergang entlang des Höhenweges und zurück.
Den Herthasee erreicht man vom großen Besucherparkplatz Hagen in gut einer halben Stunde. Der See ist immerhin 11 m tief, an seinem Nordufer befindet sich eine sagenumrankte slawische Burgwallanlage, die Herthaburg. Der Zufluß des Sees speist sich aus einem weiter westlich gelegenen Durchströmungsmoor.
Auf dem Weg zum Herthasee kommt man an einer Abzweigung vorbei, die zum »Pfenniggrab« führt. In diesem jungsteinzeitlichen Großsteingrab sollen die Opfergaben der Göttin Hertha verwahrt worden sein.

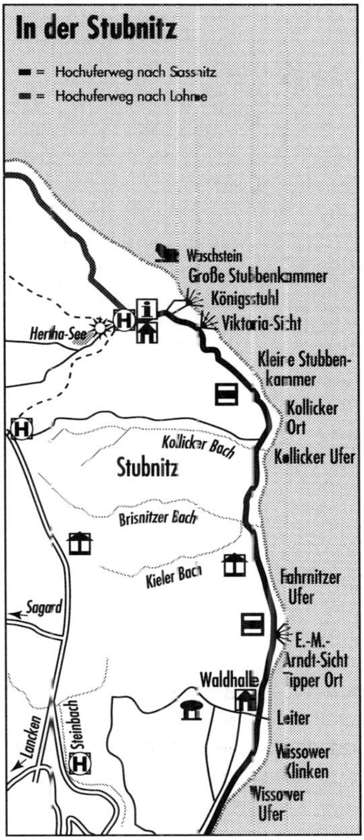

In der Stubnitz

Wer dem Massenandrang am Königsstuhl entfliehen möchte, folgt von dort dem mit einem blauen Balken auf weißem Rechteck gekennzeichneten Wanderweg, der sich am oberen Rand der Steilküste entlangwindet. In südlicher Richtung kommt man nach Sassnitz, in nördlicher Richtung nach Lohme.
Die meisten Besucher wählen die südliche Richtung. Nach kurzer

Vom Königsstuhl nach Sassnitz
Dauer ca. 3 Std.
Markierung: blauer Balken auf weißem Rechteck

Zeit erreichen Sie die »Viktoria-Sicht«, von der aus Sie einen herrlichen Ausblick auf den 300 m entfernten Königsstuhl haben. Ein Gedenkstein erinnert daran, daß 1865 hier der preußische König Wilhelm I. war.
Nach und nach verlieren sich die Menschenströme, und im weiteren Verlauf des Weges begegnet man nur noch vereinzelten Wanderern. Das grüngoldene Dach der Buchenhallen verschluckt außer Vogelgezwitscher alle Geräusche, nur gelegentlich dringt ein Schiffsmotor von der Ostsee herauf. Immer wieder eröffnen sich vom Höhenweg aus neue Ausblicke auf Kreidefelsen und das türkisfarbene Meer: Äser Ort, Kollicker Ort, Kieler Ufer. Allerdings kann das Meerwasser in Ufernähe im Sommer durch verstärktes Algenwachstum, das durch die Wasserverschmutzung hervorgerufen wird, intensiv rot getönt sein. Im Meer tummeln sich, Schneeflocken gleich, die Trupps der Höckerschwäne.
Nach etwa anderthalb Stunden Wanderung durch den dunklen Buchenwald erreichen Sie den Tipper Ort und die »Ernst-Moritz-Arndt-Sicht«, benannt nach dem auf Rügen geborenen Schriftsteller und Publizisten. Bis zu den bekannten »Wissower Klinken«, von denen man einen herrlichen Ausblick auf das Meer hat, ist es jetzt nur noch ein kurzes Stück. Die zum blaugrünen Wasser der Ostsee lebhaft kontrastierenden Kreidepyramiden verzaubern jeden Besucher und entschädigen für alle Mühen.
Hungrige und durstige Wanderer können sich im Restaurant »Waldhalle« stärken.
Nach Sassnitz ist es von hier aus nicht mehr sehr weit. Man folgt dem Hochuferweg weiter, passiert den »Hengst« (slawische Wallanlage) und die »Piratenschlucht« (alter Uferausbruch), bis man nach insgesamt etwa drei Stunden Wegs die ersten Häuser des ehemals so mondänen Badeortes erreicht.
Entlang des Hochuferweges zwischen Königsstuhl und Wissower Klinken gibt es nahe dem Kieler und Lenzer Bach zwei Schutzhütten. Verschiedentlich führen auch Steige zur Küste hinunter, die zumeist in langen Leitern enden und bei Regenwetter nur vorsichtig begangen werden sollten, da sie recht schlüpfrig werden können. Die weitere Wanderung entlang des Strandes durch Feuersteingerölle ist allerdings ziemlich mühsam und kann nur ausdauernden Wanderern zugemutet werden.

Vom Königsstuhl nach Lohme
Dauer ca. 1 Std.
Markierung: blauer Balken auf weißem Rechteck

Nach Lohme
Vom Königsstuhl in nordwestlicher Richtung erreicht man über den Hochuferweg (Markierung blauer Balken auf weißem Rechteck) nach einer Stunde den Fischerhafen Lohme. Hier sieht man die Masten von Rügen-Radio, einer Servicestation für Handels- und Fischereischiffe. In der Nähe der Mole ragt der Schwanenstein, ein mächtiger Granitfindling, aus dem Wasser.
Wem der Höhenweg zwischen Lohme, dem Königsstuhl und Sassnitz immer noch nicht einsam

genug war, kann auf weiteren markierten Wanderwegen tiefer in das grüne Dämmerlicht der Buchen eintauchen. Vor allem im südlichen Teil sind noch weitere Wanderwege markiert.

Tierbeobachtungen

Sowohl an den Bodden- als auch an den Ostseegewässern lassen sich im Winterhalbjahr durchziehende und überwinternde Schwäne, Gänse und Enten beobachten. Besonders zu den Zugzeiten im Herbst und Frühjahr werden die Ackerflächen der Insel von bisweilen Zehntausenden von Gänsen (vor allem Bleßgans, daneben Grau-, Saat- und die aus Nordamerika eingebürgerte Kanadagans), Schwänen (neben dem Höckerauch der aus Nordosteuropa und Sibirien stammende Singschwan) und Kranichen zur Nahrungssuche aufgesucht. Um unnötige Fluchten und dadurch Energieverschwendung zu verhindern, sollten Sie nicht versuchen sich zu weit zu nähern!

Neben diversen Seevögeln, die Sie von der Steilküste aus auf dem

Gerade im Herbst bietet die Kreideküste im Nationalpark Jasmund bezaubernde Ausblicke.

Meer beobachten können, gibt es hier eine Kolonie von Mehlschwalben, die nicht wie gewohnt unter Hausdächern brüten, sondern ihre Nester unter Felsüberhängen anlegen.

Ausflüge in die nähere Umgebung

Rügen, die größte Insel Deutschlands, hat außer dem Nationalpark Jasmund noch viele touristische Perlen für naturkundlich interessierte Besucher zu bieten.
Von eigenem Reiz ist es, die berühmten Rügener Kreidekliffs von einem Fischerboot aus zu erleben oder eine gemütliche Fahrt durch die herrlichen schattigen Alleen zu unternehmen. Auf keinen Fall sollte man eine Fahrt mit dem »Rasenden Roland« (s. u.) verpassen. Naturbewußte Besucher bewegen sich jedoch zu Fuß oder per Fahrrad fort. Rügen will erwandert werden, Hektik ist dabei absolut fehl am Platz, um die immer wieder wechselnden Eindrücke und Stimmungen auf einem Spaziergang durch gelbe Kornfelder, grüne Wiesen, dunkle Wälder, durch Sanddünen oder entlang hochaufragender Kreidekliffs am intensivsten zu erleben.

Sassnitz

Sassnitz, die zweitgrößte Stadt Rügens nach Bergen, beherbergte im ausgehenden 19. Jh. illustre und wohlhabende Gäste aus der ganzen Welt, so etwa Johannes Brahms und Theodor Fontane. Der Ort liegt malerisch auf einer Hochterrasse über dem Meer, eingerahmt vom Laubwald der Stubnitz, und weist trotz der Kriegszerstörungen noch einige historische Bauten auf. Schön sind die Fischkutter im Hafen, die auch heute noch einen wichtigen Wirtschaftsfaktor darstellen.
Von Sassnitz aus legt die Fähre nach Trelleborg (Schweden) ab; außerdem kann man von hier aus auch Tagesausflüge per Schiff auf die Insel Bornholm (Dänemark) unternehmen.
Die Sassnitzer Mole ist auch der Ausgangspunkt für Kutterfahrten entlang der Jasmunder Kreideküste. Es ist ein sehr interessantes (und sicher weniger anstrengendes) Kontrastprogramm, das Stubnitz Panorama von der Seeseite aus genießen zu können. Erst jetzt kommt das Nebeneinander weißleuchtender Kliffs, dunkelgrüner (oder im Herbst goldgelber) Buchenwälder, hellgrüner Buschvegetation und der dunklen Strandgerölle so richtig zur Geltung. Kommt bei schönem Wetter noch ein strahlendblauer Himmel hinzu, so läßt die gebotene Farbpalette keine Wünsche mehr offen. Mehrmals täglich zwischen 10 und 17 Uhr besteht die Möglichkeit, sich auf diese Weise Rügen »von der Schokoladenseite« präsentieren zu lassen.

Im Naturpark Rügen

Der Naturpark Rügen umfaßt den größten Teil der Insel; ausgenommen sind die Nationalparke Jasmund und Vorpommersche Boddenlandschaft, das Biosphärenreservat Südost-Rügen und der zentrale Teil der Insel. Ziel des Naturparks ist die Erhaltung der vielfältigen Kulturlandschaft. Weite Akkerflächen wechseln ab mit den Randzonen der Bodden, feuchten Niederungen und den Kiefernwäldern der Schaabe, die die Halbinseln Jasmund und Wittow verbindet. Innerhalb dieses großen Gebietes gibt es viele naturkundliche und kulturhistorische Sehenswürdigkeiten, von denen im folgenden nur eine Auswahl geboten werden kann. Schöne Wanderungen sind zum Beispiel entlang des boddenseitigen Ufers der Schaabe sowie zwischen Schloß Spyker und Glowe möglich.

Zu den Feuersteinfeldern
Zwischen Sassnitz und Binz liegt auf der ehemaligen Nehrung der Schmalen Heide das seit 1961 bestehende und 1990 erweiterte Naturschutzgebiet »Feuersteinfelder«. Auf einer geschützten Fläche von 195 ha befinden sich teilweise vegetationsfreie Flächen und Wälle aus Feuersteinen, die vermutlich vor einigen tausend Jahren als vom Meer aufgehäufte Strandwälle entstanden. Mit eingeschlossen sind verbuschte Flächen mit verschiedenen Gehölzen sowie mit Kiefern aufgeforstete Bereiche. Feuersteine sind vor Jahrmillionen aus den Skeletten von Kieselschwämmen entstanden (s. S. 38) und durchziehen in Bändern oder Lagen die Kreide.
Die Feuersteinfelder sind auf Wanderwegen von Mukran oder Lietzow aus zu erreichen und können von einer Aussichtskanzel aus eingesehen werden.

Am Kap Arkona
Ein beliebter Anlaufpunkt ist Kap Arkona. Es ist der nördlichste Punkt der Insel und bietet einen beeindruckenden Blick auf die Steilküste und die Heidelandschaft. Einen Besuch wert sind die beiden Leuchttürme, von denen der kleinere quadratische ein Werk des großen Baumeisters Karl Friedrich Schinkel ist. Besonders interessant sind die 8 – 10 m hohen Mauerreste einer slawischen Flucht- und Tempelburg, der Jaromarsburg. Innerhalb der Befestigungen stand vor der Eroberung durch die Dänen im Jahre 1168 ein Tempel mit einer mehrere Meter hohen Holzstatue der obersten Gottheit der Slawen, der vierköpfige Svantevit. Von den Anlagen ist nur noch ein Teil erhalten; der Rest ist bereits der Küstenerosion zum Opfer gefallen.
In der Nähe von Arkona liegt in geschützter Lage das idyllische Fischerdorf Vitt. Der Name steht für frühere Anlandungsstellen der Heringsfischerei.
An der Steilküste bei Kap Arkona brüteten noch im letzten Jahrhundert See- und sogar Steinadler. Im Winterhalbjahr lassen sich hier Wintergäste beobachten wie Seetaucher und verschiedene Entenarten sowie zur Zugzeit nordische Zugvögel; über das Kap führt eine wichtige »Zugvogelstraße« zwischen Mitteleuropa und Skandinavien.
In Ralswiek am Großen Jasmunder Bodden steht ein aus dem

letzten Jahrhundert stammendes Schloß im Renaissance-Stil mit Schloßpark. Auf einer großen Naturbühne finden alljährlich im Sommer die Störtebeker-Festspiele statt; sie wurden nach einer längeren Unterbrechung 1993 wieder aufgenommen.

Im Biosphärenreservat Südost-Rügen

Im Südosten der Insel Rügen wurde gleichzeitig mit der Einrichtung der Nationalparke im Jahre 1990 ein größeres Gebiet als Biosphärenreservat ausgewiesen, das unter anderem die Halbinsel Mönchgut, das ausgedehnte Waldgebiet der Granitz und große Teile des Rügischen Boddens umfaßt. Das Biosphärenreservat ist geprägt von einem großen Reichtum an Landschaftstypen; Waldflächen wechseln ab mit artenreichen Trockenrasen, Wiesen, feuchten Niederungen und intensiver genutzten Ackerflächen. Die Küstenlinie ist teils als Steilküste, teils als Boddenküste ausgebildet. Sieben Naturschutzgebiete sind Bestandteil des Gebietes und nehmen fast 25% der Landfläche ein.

Das Biosphärenreservat ist altes Kulturland; hier finden sich, wie anderswo auch auf Rügen, Grabanlagen aus der Stein- und Bronzezeit in einer ungewöhnlichen Dichte. Für die heute noch vielfältigen Landschaftstypen sind vor allem alte Nutzungsformen verantwortlich: So entstanden die Trockenrasen unter dem Einfluß von extensiver Schafbeweidung, zum Teil erst in den vergangenen 35 Jahren. Heute besteht allerdings die Gefahr, daß durch Nutzungsänderungen und eine unkontrollierte Erschließung für den Fremdenverkehr eine naturverträgliche Entwicklung der Region unterlaufen und das vorhandene Potential zerstört wird. Um eine naturverträgliche Entwicklung in diesem wichtigen Natur- und Kulturraum zu ermöglichen, wurde (ähnlich wie in den Nationalparken) eine Zonierung des Gebietes ausgearbeitet Während die Schutzzone I aus Naturschutzgebieten besteht, in denen keinerlei wirtschaftliche Nutzung stattfinden soll, werden in den Schutzzonen II und vor allem III Konzepte zur Anwendung kommen, wie Land- und Forstwirtschaft, Gewerbe und Tourismus sowie die Siedlungs- und Verkehrsinfrastruktur ökologisch verträglich gestaltet werden können.

Für Naturfreunde bietet die Verwaltung des Biosphärenreservates geführte Wanderungen zu Fuß oder mit dem Fahrrad an, die beispielsweise zum Buskam, einem mächtigen Findling vor der Küste, oder in die Zickerschen Berge führen.

Informationen hierzu erhalten Sie bei der Verwaltung des Biosphärenreservates Südost-Rügen
18586 Middelhagen 1a
Tel. 038308/25068

Weitere empfehlenswerte Stellen sind im folgenden aufgeführt:

Waldgebiet der Granitz

Dieses Waldgebiet ist neben der Stubnitz die andere große Bu-

Blick auf die Steilküste am Kap Arkona, dem nördlichsten Punkt Rügens. Im Vordergrund das malerische Fischerdorf Vitt.

chenwaldfläche Rügens. Auf einem Hügel, dem Tempelberg, liegt das viertürmige Jagdschloß Granitz, das zwischen 1836 und 1846 nach zuletzt von Schinkel ausgearbeiteten Plänen errichtet wurde. Sehenswert ist die gußeiserne Wendeltreppe. Vom Mittelturm des Schlosses hat man eine herrliche Aussicht über Rügen.

Halbinsel Mönchgut

Die Halbinsel Mönchgut, deren Name auf ihren Erwerb durch das Zisterzienserkloster Eldena bei Greifswald im 13. Jh. zurückgeht, weist mit ihren fingerartigen Fortsätzen Reddevitzer und Zickersches Höft eine ausgesprochen vielfältige Landschaftsgliederung auf. Land und Wasser sind eng miteinander verzahnt.

Einen guten Überblick über die Halbinsel erhält man von den Zickerschen Bergen im Naturschutzgebiet Zickersches Höft. Eine Besonderheit sind die Trokkenrasen mit Strandnelken, goldgelb blühenden Sand-Strohblumen und Schafschwingel.

Putbus

Der Badeort Putbus besitzt eine eindrucksvolle klassizistische Stadtanlage, die Anfang des 19. Jh. unter Fürst Malte zu Putbus errichtet wurde: zentrales Rondell (Circus) mit einem 19 m hohen Obelisken in der Mitte, Theater, Orangerie, Schloßpark im Stil des englischen Landschaftsgartens mit vielen einheimischen und ausländischen Gehölzen. Leider wurde 1962 das Fürstenschloß abgerissen, doch der wunderbare Park ist erhalten geblieben. Im Frühjahr ist der Boden von einem weißen Blütenteppich aus Bärlauch überzogen. In einem Wildgatter kann man Rot- und Damhirsche sowie Rehe beobachten.

Eine prachtvolle Lindenallee führt von Putbus nach Garz.

Rasender Roland

Fast ein »Muß« für Rügen-Besucher ist die Dampf-Kleinbahn »Rasender Roland«, die die knapp 25 km lange Strecke von Putbus nach Göhren in gut einer Stunde bewältigt. Die Bahn ist ein letztes Überbleibsel des im vergangenen Jahrhundert ausgedehnten Kleinbahnnetzes der Insel Rügen. Sie wurde im Jahr 1895 gebaut, weil der Rittmeister von Veltheim bequem von Putbus zum Jagdschloß Granitz gelangen wollte. Dieser Bummelzug bringt für eine Stunde die Belle Epoque zurück, in der die ortsansässigen Herrschaften und wohlhabenden Reisenden das Bähnchen für den abendlichen Theaterbesuch bestiegen.

Auch heute noch tut der »Rasende Roland« unverdrossen schnaufend seine Pflicht zwischen 5 und 23 Uhr und vermittelt einen unmittelbaren Eindruck von Rügen »durch die Hintertür«, nur vernebelt durch die Rauchschwaden der Lokomotive. Es finden mehrere Fahrten täglich statt; die Bahn hält unterwegs an 9 Stationen.

Der »Rasende Roland« ermöglicht mit öffentlichen Verkehrsmitteln folgende interessante Rundfahrt im östlichen Teil Rügens: Bahn nach Sassnitz (Besuch des

Nationalparks Jasmund); Bahn Sassnitz – Lietzow – Ostseebad Binz; von Binz Ost mit dem »Rasenden Roland« nach Putbus, von dort per Bahn nach Bergen zurück auf die Hauptstrecke.
Die Zukunft der Kleinbahn ist ungewiß; bisher im Dienst der Deutschen Reichsbahn/Deutschen Bahn, soll sie in nächster Zukunft voraussichtlich in kommunale Hände übergehen.

Insel Vilm
Die 94 ha große Insel Vilm im Rügischen Bodden ist seit 1936 Naturschutzgebiet; sie besitzt die ursprünglichsten Wälder Rügens, da seit Mitte des 16. Jh. keine forstlichen Eingriffe mehr vorgenommen wurden. Vilm weist auf engstem Raum viele der für Rügen typischen Landschaften auf (»Rügen im Kleinen«). Lange Zeit hindurch war die Insel für die Öf-

Vom 38 m hohen Mittelturm des Jagdschloßes Granitz hat man einen herrlichen Ausblick über Rügen. Mitte des 19. Jh. ließ Fürst Malte von Putbus das Schloß errichten.

fentlichkeit gesperrt, da die SED-Prominenz Ferienhäuser auf Vilm eingerichtet hatte. Heutzutage hat auf Vilm die Internationale Naturschutzakademie Vilm ihren Sitz, eine Außenstelle des Bundesamtes für Naturschutz. Um zu verhindern, daß die wertvollen Lebensräume der Insel durch einen unkontrollierten Besucherverkehr in Mitleidenschaft gezogen werden, ist der Zugang für die Öffentlichkeit beschränkt. Im Sommerhalbjahr können Gruppen von Besuchern von Lauterbach aus die Insel mit einer Führung besuchen. Führungen finden täglich statt, Buchung am besten 1–2 Wochen vorher bei der Reiseagentur Kempe, Tel. 038301/60513.

Meeresmuseum Stralsund

Für naturkundlich Interessierte ist ein Besuch in diesem renommierten Museum lohnend. Untergebracht im ehemaligen Katharinenkloster, beherbergt das Museum Ausstellungen zu Meeresorganismen, der Ostsee-Fischerei sowie eine große Anzahl beeindruckender Meerwasser-Aquarien mit exotischen Fischen. Prunkstücke der ausgestellten Objekte sind das vollständige, 16 m lange Skelett eines im vergangenen Jahrhundert auf Rügen gestrandeten Finnwals sowie die naturgetreue, meterhohe Rekonstruktion eines Korallenriff-Abschnittes aus dem Roten Meer. Das Meeresmuseum bietet einige informative Faltblätter zu Themen aus der Naturgeschichte der Küstenregion an. Es unterhält eine Ausstellung im Leuchtturm Darßer Ort, Nationalpark Vorpommersche Boddenlandschaft (s. S. 114).

Meeresmuseum Stralsund, Mönchstraße, Tel. 03831/5135. Öffnungszeiten des Meeresmuseums: Nov. – April, Mi – So von 10.00 – 17.00 Uhr; Mai – Okt., täglich 10.00 – 17.00 Uhr.

Kulturhistorisches Museum Stralsund

Wichtige Exponate zur Kultur- und Besiedlungsgeschichte der Ostseeregion, darunter auch die Originalstücke des berühmten Hiddenseer Goldschatzes (s. S. 129), sind im Kulturhistorischen Muse-

um zu sehen, das wie das Meeresmuseum im Katharinenkloster untergebracht ist.
Kulturhistorisches Museum
Mönchstraße 25
Tel. 03831/292180
Öffnungszeiten des Museums: Täglich außer Montag von 10.00 – 17.00 Uhr.

Kormorankolonie bei Niederhof
Bei Niederhof, etwa 10 km südöstlich von Stralsund, liegt in einem schönen alten Park (Naturschutzgebiet seit 1967) eine seit 1954 bestehende Kormorankolonie mit Hunderten von Brutpaaren. Von den Wegen aus sind beeindruckende Beobachtungen der nistenden Vögel möglich, besonders vor dem Laubaustrieb der Bäume im Frühjahr. Vermutlich stammten die Kormorane, die im Jahr 1983 die Insel Tollow in der Schoritzer Wiek auf der Halbinsel Zudar/Rügen wiederbesiedelten, von dieser Kolonie ab. Die Art war dort wie fast im ganzen Deutschland durch langandauernde Verfolgung ausgestorben.

Die Insel Rügen bietet noch viele kulturhistorisch bemerkenswerte Stätten. Viele der Ortschaften haben eine lange Geschichte, die oft bis in die Slawenzeit zurückreicht;

Die Insel Vilm, im Rügischen Bodden gelegen, wird oft auch als »Rügen im Kleinen« bezeichnet; auf der Insel wachsen die ursprünglichsten Wälder Rügens.

die Kirchen von Bergen und Altenkirchen gehen in ihren Ursprüngen auf die Frühzeit der christlichen Missionierung im 12. Jh. zurück. Für kunsthistorisch Interessierte empfiehlt es sich daher, einen der gängigen Reiseführer zu Rate zu ziehen.

Unternehmungen mit Kindern

Für Kinder kann man den Nationalpark als sehr gut geeignet betrachten. Die Wege sind im allgemeinen wenig anstrengend und durch die Tatsache, daß sie zumeist im Wald verlaufen, auch im Hochsommer immer angenehm temperiert. Bei den Abstiegen vom Hochuferweg zum Strand sollte jedoch stets ein Erwachsener vorangehen, da die letzten Stücke meist in langen Leitern enden. Längere Fußmärsche auf dem Geröllstrand dürften auf die Dauer für den Nachwuchs wohl sehr ermüdend sein. Als kürzerer Abenteuer-Abstecher sind sie aber auf jeden Fall empfehlenswert, denn gerade am Strand gibt es ja so manches zu entdecken.
Speziell für Kinder veranstalten Praktikanten der Commerzbank-Initiative »Praktikum für die Umwelt« verschiedene Veranstaltungen und Führungen (s. S. 152).
Für warme Sommertage sind Ausflüge zu nahegelegenen Badeplätzen angesagt. Schöne Sandstrände, die nicht weit vom Nationalpark entfernt sind, gibt es zwischen Binz und Sassnitz; sie sind für Kinder sehr gut geeignet. An regnerischen Tagen empfiehlt sich ein Besuch im Meeresmuseum von Stralsund, das einen ausgezeichneten Überblick über die in der Ostsee vorkommenden Tier- und Pflanzenarten sowie die Entstehungsgeschichte vermittelt. Ein besonderes Highlight sind auch die Störtebeker-Festspiele, die von Anfang Juli bis Ende August auf der Freilichtbühne Ralswiek (zwischen Bergen und Sagard gelegen) abgehalten werden (s. S. 93). Der berühmte Freibeuter Klaus Störtebeker, ein gebürtiger Rügener, machte im ausgehenden 14. Jh. den freien Hansestädten schwer zu schaffen. Sein Leben und Sterben machten ihn zu einer Art Volkshelden.

Klima, Reisezeit und Ausrüstung

Der Nationalpark Jasmund bietet das ganze Jahr über Gelegenheit, die unterschiedlichsten reizvollen Eindrücke zu sammeln. Der Winter ist die Zeit der Stille – zumindest, was die Zahl der Besucher angeht. Dann kann man sehen, wie das Meer an der Küste arbeitet, wie Sturm, Eis und Wellen an den Kreidekliffs nagen. Zudem ist dies die Zeit, wo man besonders gut die Seevögel beobachten kann, die hier den Winter verbringen. Der Frühling bietet das zartgrüne Schauspiel der knospenden Buchenwälder mit den farbenprächtigen Teppichen aus Gelben und Busch-Windröschen sowie Leberblümchen.
Im Sommer läuft das Leben auf vollen Touren. Die langen Abende

und die angenehmen Temperaturen locken Tausende von Besuchern zum Wandern, Radfahren oder Sonnenbaden nach Rügen. Die ruhigen Plätze sind zu dieser Zeit allerdings relativ rar gesät. Im Nationalpark bieten sich zu dieser Zeit schöne Wanderungen unter dem kühlen Dach der Buchenwälder an, wenn zartlila die Zahnwurz blüht.

Wem vor allem der Sinn nach Baden steht, muß nicht in den Nationalpark; hier bieten sich viele schöne Küstenabschnitte an der Westseite der Halbinsel Jasmund oder an der Prorer Wiek an. Sobald der Herbst hereinbricht, wird es ruhiger auf Rügen. Diese Jahreszeit bietet an einem sonnigen Tag eine besonders bunte Farbpalette, bestehend aus dem Gelb des Buchenlaubes, dem Cremeweiß der Kreideklippen und der türkisfarbenen und blauen Farbtöne von Meer und Himmel.

Man sollte jedoch nicht vergessen, daß gerade die Halbinsel Jasmund ein recht rauhes Klima besitzt, das häufig von Wind und Regen dominiert wird. Nicht umsonst sind hier eine Reihe von Eiszeitrelikten vorhanden. Bei einer Wanderung im Herbst sollte man diese Tatsache unbedingt berücksichtigen und sein Regenzeug parat haben. Auch gutes Schuhwerk ist dann unerläßlich, besonders wenn man über einen der Steige zum Strand hinabsteigen möchte. Die können dann gefährlich glitschig sein. Es gibt insgesamt vier solcher Leitersteige: bei Lohme, am Königsstuhl, am Kieler Bach und bei den Wissower Klinken.

Wichtige touristische Informationen

Wie bereits mehrfach erwähnt, ist der Nationalpark Jasmund aufgrund seiner geringen Größe sehr gut zu Fuß erkundbar. Um das zu erleichtern, wurde eine Reihe von Parkplätzen (zum Teil gebührenpflichtig) angelegt, die die meisten Bereiche für den Wanderer gut erschließen. Der bedeutendste ist dabei der Hagener Parkplatz mit Pendelbusverkehr zum Königsstuhl. Ein Parkplatz soll bei Buddenhagen entstehen. Weitere Abstellmöglichkeiten existieren in Sassnitz, kleinere auch in Lohme und Nipmerow.

Nähere Informationen über den Nationalpark selbst (wie Faltblätter über Touren, Informationen über die Tier- und Pflanzenwelt) oder über Veranstaltungen wie Führungen oder Vorträge erhalten Sie bei der Außenstelle der Nationalparkverwaltung. Das Gebäude befindet sich unweit der Bushaltestelle Königsstuhl. Die Verwaltung der Nationalparke und sonstigen Großschutzgebiete des Bundeslandes Mecklenburg-Vorpommern obliegt dem staatlichen Nationalparkamt, das die Funktion einer Oberen Naturschutzbehörde einnimmt. Das für den Nationalpark »Jasmund« direkt zuständige Außendezernat ist unter folgender Adresse zu erreichen:

Außendezernat Nationalpark Jasmund,
Postfach 22,
18546 Sassnitz,
Tel. 038392/350[illegible]1
Fax 038392/35054.

Eine weitere Behörde mit naturschutzrelevanten Aufgaben für den Bereich Rügen ist etwa das Staatliche Amt für Umwelt und Natur in Stralsund. Dieses Amt ist jedoch für den Normalbesucher keine Ansprechpartner. Eine Sonderrolle kommt ferner der Internationalen Naturschutzakademie der Insel Vilm zu. Sie wurde am 6. Oktober 1990 als Außenstelle des Bundesamtes für Naturschutz (BfN) gegründet, welches dem Bundesumweltministerium unterstellt ist. Zu ihren Aufgaben gehört die Zusammenarbeit mit Naturschutzorganisationen aus aller Welt, wobei hier regelmäßig größere Tagungen und Seminare durchgeführt werden. Die kleine Insel Vilm liegt südöstlich von Putbus und gehört zum Biosphärenreservat Südost-Rügen. Sie ist für die Öffentlichkeit nicht frei zugänglich, Führungen nach Anmeldung sind jedoch möglich (s. S. 96). Vilm ist weitgehend von urwüchsigen Laubwäldern bedeckt und diente vor der Wende den Größen der DDR-Regierung als Feriendomizil.

Auch für das leibliche Wohl der Besucher ist innerhalb der Nationalparkgrenzen gesorgt. Es stehen zwei Restaurants zur Verfügung: Ein Restaurant befindet sich am Busparkplatz Königsstuhl, es ist während der Saison täglich geöffnet von 10.00 – 20.00 Uhr, das andere – Restaurant »Waldhalle« – liegt in der Nähe der Wissower Klinken; Zufahrtsmöglichkeit von der Straße Sassnitz–Hagen über eine sehr schlechte Kopfsteinpflasterstraße (daher besser gehen). Täglich geöffnet von 11.00 – 20.00 Uhr, am Restaurant gibt es auch Abstellmöglichkeiten für Fahrzeuge. Am Bushalteplatz »Königsstuhl« sowie am Hagener Parkplatz sind zudem Erfrischungsstände vorhanden, die auch Informationsmaterial und Souvenirs anbieten, am Hagener Parkplatz befindet sich außerdem noch ein Imbiß-Kiosk.

In den umliegenden Ortschaften Sassnitz, Sagard und Lohme gibt es gleichfalls Einkehrmöglichkeiten. Empfehlenswert ist auch das nette Fischlokal in Polchow nordwestlich von Sagard sowie das Restaurant im Schloß Spyker. Das schöne Bauwerk mit seinen wertvollen Stuckdecken wurde nach wechselvoller Geschichte 1989 als Hotel ausgebaut und soll 1994 renoviert werden.

Übernachtungsmöglichkeiten (Hotels, Pensionen, Ferienwohnungen und Appartements) können über die Fremdenverkehrsämter Sassnitz und Sagard gebucht werden. Auch die unweit gelegenen Rügener Seebäder Binz, Sellin, Baabe und Göhren sowie der Hauptort Bergen weisen ein recht reichhaltiges Angebot auf. In Baabe und Göhren befinden sich außerdem 2 Campingplätze mit 600 Stellplätzen, ein kleinerer auch in Nipmerow, unmittelbar westlich des Nationalparks. Die traditionsreichen nahegelegenen Ostseebäder der Granitz und der Halbinsel Mönchgut mit ihren schönen Sandstränden

bieten zudem Kureinrichtungen wie schattige Promenaden, Konzerte und Seewasser-Warmbäder an.

In Sassnitz besteht die Möglichkeit, verschiedene Schiffsausflüge zu unternehmen (Fährbetrieb nach Trelleborg und Bornholm, Bootsfahrten entlang der Jasmunder Kreideküste und nach Kap Arkona, Inselumrundungen); außerdem kann man hier Autos mieten.

Über Fahrradverleihe erkundige man sich am besten bei den örtlichen Fremdenverkehrsämtern. Wer es eilig hat oder einen Gesamteindruck dieser doch sehr unübersichtlichen Insel haben will, kann von Güttin bei Dreschwitz zu einem Rundflug starten.

Auskünfte über Hotels, Pensionen, Ferienhäuser, Appartements und Privatzimmer sowie über sonstige touristische Angebote erteilt der Fremdenverkehrsverband Rügen in Sellin. Man kann sich von dort die neuesten Kataloge mit Preislisten unter folgender Adresse zuschicken lassen:

Fremdenverkehrsverband
Rügen e.V.,
August-Bebel-Straße 12,
18586 Ostseebad Sellin,
Tel. – Fax 038303/334

Schloß Spyker, südöstlich von Glowe am Spykerschen See gelegen. Einige Räume des ungefähr 400jährigen Backsteinbaus zieren wertvolle Stuckdecken von Lohr und Eriksson.

Für eventuelle detailliertere Informationen können auch die Gemeindeverwaltungen der umliegenden Ortschaften kontaktiert werden. In allen diesen Orten gibt es Übernachtungsmöglichkeiten und Gastronomie.
Nachstehend eine Auswahl an Adressen von verschiedenen Fremdenverkehrsämtern und Gemeindeverwaltungen:

• Fremdenverkehrsamt Sassnitz,
Hauptstraße 70,
18540 Sassnitz,
Tel. 038392/32037
• Fremdenverkehrsamt Sagard,
Töpferberg 62,
18551 Sagard,
Tel. 038302/2624
• Kurverwaltung Binz,
Heinrich-Heine-Straße 7,
18609 Ostseebad Binz,
Tel. 038393/5191
• Kurverwaltung Göhren,
Schulstraße 8,
18586 Ostseebad Göhren,
Tel. 038308/2150
• Kurverwaltung Putbus
Markt 8
18581 Ostseebad Putbus
Tel. 038301/431
• Kurverwaltung Sellin
Warmbadstraße 4
18586 Ostseebad Sellin
Tel. 038303/293

Die nächstgelegenen Campingplätze sind:
• Nipmerow (100 Stellplätze)
18551 Lohme,
Tel. 03802/9244
• Motel Lietzow (38 Stellplätze)
18528 Lietzow,
Tel. 03802/2438

In Binz existiert zudem eine Jugendherberge:
Jugendherberge Binz/Rügen
Strandpromenade 35
18609 Ostseebad Binz
Tel. 038393/32597

Als nahegelegene Bademöglichkeiten sind besonders die schönen Sandstrände der Schaabe und der Prorer Wiek zwischen Neu Mukran und Binz hervorzuheben (stellenweise sind auch FKK-Strände vorhanden).

Anreise

Die Anreise erfolgt am besten mit dem Auto oder der Bahn. Die Orte Sassnitz und Binz sind Stationen der Bahn, in Putbus halten die Eilzüge von Bergen nach Lauterbach.
Autofahrer erreichen Stralsund von Berlin aus über die B 96 oder Rostock über die A 19 und dann weiter auf der häufig überlasteten B 105 nach Stralsund. In Stralsund beginnt der sogenannte »Rügendamm«, der im Jahre 1936 errichtet wurde (im Krieg zerstört, Wiederaufbau 1948). Er stellt heute den Hauptzugang zu Deutschlands größter Insel dar. Der Damm ist 2,5 km lang, verläuft über die kleine Insel Dänholm und endet bei Altefähr an der Rügener Südküste. Da von der insgesamt rund 15 m breiten Dammkrone nur 7 m auf die Zufahrtsstraße entfallen – die restlichen 8 m werden von den Bahngleisen sowie einem Fußgänger- und Radweg eingenommen – ist der Rügen-

damm in der Hauptsaison entsprechend aus- bzw. überlastet. Dennoch entbehrt eine Fahrt nicht eines gewissen nostalgischen Charmes. Die im folgenden gut ausgebaute Straße (B 96) führt über den Zentralteil der Insel zum Hauptort Bergen, von wo man dann entweder in nordöstlicher Richtung die Straße nach Sassnitz wählt, um zum Nationalpark Jasmund zu gelangen, oder sich in nordwestlicher Richtung wendet, zum Beispiel nach Wiek oder Schaprode, um etwa nach Hiddensee (Teil des Nationalparks »Vorpommersche Boddenlandschaft«) überzusetzen. Zur Entlastung des Rügendammes existiert seit Mai 1994 eine Fähre zwischen Stahlbrode und Glewitz, die in zwanzigminütigen Abständen verkehrt.

Als Alternative kann auch das Fährschiff von Stralsund nach Trelleborg (Schweden) benutzt werden, das in Sassnitz einen Zwischenstop einlegt. Bereits seit 1897 existiert diese Schiffahrtslinie, die dieses Rügener Hafenstädtchen zu einem wichtigen Verbindungsglied zwischen Mittel- und Nordeuropa machte. Auch von Greifswald aus besteht die Möglichkeit, Sassnitz per Schiff zu erreichen.

Eine prächtige Lindenallee im Süden von Rügen – hier scheint die Zeit still zu stehen.

Nationalparke ge

Ein langer Weg ist es schon,
bis Menschen begreifen,
daß die Natur ihre eigenen
Gesetzmäßigkeiten hat.

Doch, wer könnte dies besser
empfinden als der Tierhalter, der in
seinem Hund, seiner Katze oder
seinem gefiederten Freund täglich
die reale Naturbegegnung sucht
und sie findet.

Geben wir der Natur die
Möglichkeit, sich selber zu helfen!
Diese großen Tiernahrungs-Marken
unterstützen sie dabei.

Gemeinsam für Deutschlands Nationalparke

whiskas Pedigree PAL Trill

hören der Natur!

Unterwegs im Nationalpark Vorpommersche Boddenlandschaft

Der Nationalpark Vorpommersche Boddenlandschaft und seine Umgebung bieten auf einer Fläche von 805 km² ein großes Spektrum an Landschaftsräumen, die zu vielfältigen Wander- und Ausflugsmöglichkeiten einladen. Jeder Besucher findet hier bei allen Wetterverhältnissen und zu allen Jahreszeiten die auf seine Bedürfnisse zugeschnittene Freizeitbeschäftigung, sei es Wandern zu Fuß oder Erkundungen mit dem Rad, Kutschfahrten oder Bootstouren.

Ausflüge in den Nationalpark

Der Nationalpark Vorpommersche Boddenlandschaft ist mit einer Fläche von 805 km² der größte der ostdeutschen Nationalparke. Der Besucher hat so viele Möglichkeiten, die Landschaft kennenzulernen, daß die im folgenden vorgestellten Tourenvorschläge nur eine kleine Auswahl darstellen können. Weitere Angebote sowie Informationen über den Nationalpark können Sie bei den zuständigen Stellen erfahren.

• Nationalparkverwaltung
Forsthaus
18375 Born
Tel. + Fax 038234/295

• Informationszentrum
des Nationalparks
18375 Wieck
Ganzjährig geöffnet in der Saison
vom 1. 5. – 31. 10., Mo – Sa
von 10.00 – 17.00 Uhr.

Blick aus der Luft auf den Darßer Ort, die Nordspitze der Halbinsel Darß. An der unterschiedlichen Grünfärbung ist das Relief des Untergrundes mit den Riegen und Reffen erkennbar.

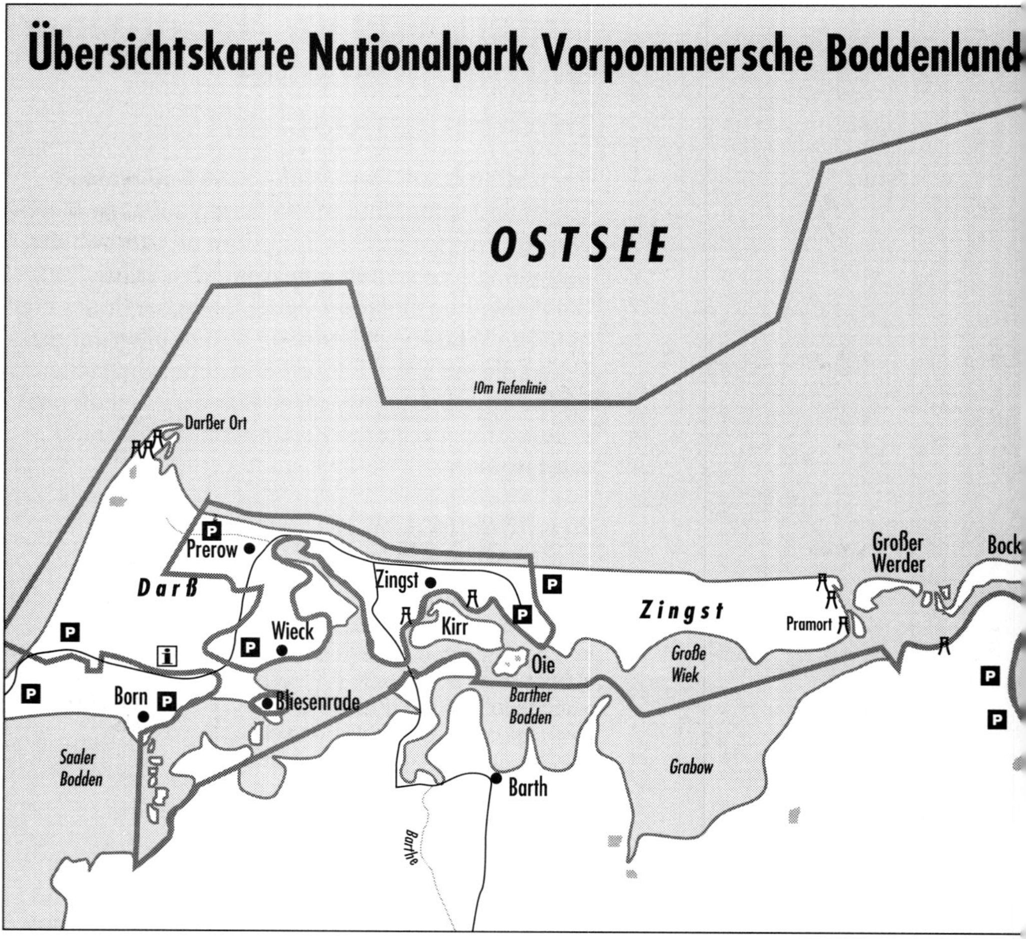

(Öffnungszeiten im Winter stehen derzeit noch nicht fest.)

Der Darßer Wald

Der Darßwald, das größte geschlossene Waldgebiet im Nationalpark, ist durch eine Reihe von in ost-westlicher sowie in nord-südlicher Richtung verlaufender Forstwege unterteilt. Die in ost-westlicher Richtung verlaufenden Wege tragen meist Namen wie »Langseer Weg«, »Mittelweg« oder »Leuchtturmweg«, nur der nördlichste, strandnächste Weg heißt »Zeltplatzstraße«; er ist teilweise geteert. Dagegen sind die

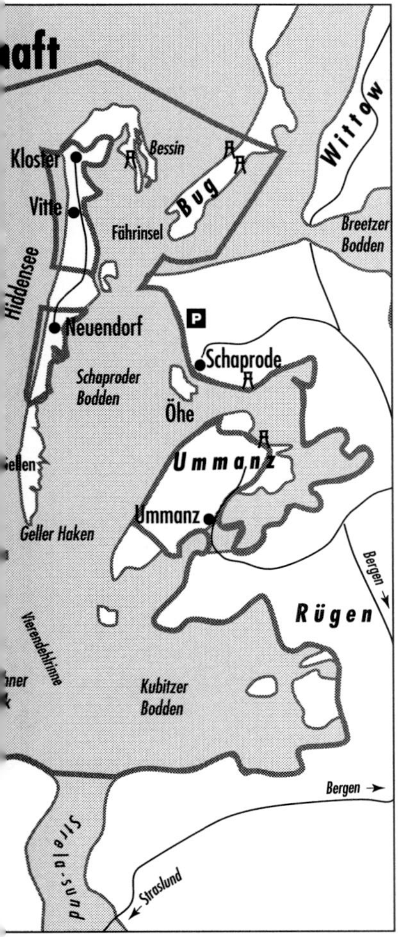

in nord-südlicher Richtung verlaufenden Wege die sogenannten »Gestelle«. Sie sind jeweils durch einen vorangestellten Buchstaben gekennzeichnet, die alphabetisch geordnet sind. Dabei liegen die ersten Buchstaben des Alphabets im Osten, je weiter westlich man kommt, umso weiter liegen die Buchstaben im Alphabet hinten. So fällt etwa das »i-Gestell« mit der östlichen Grenze der Schutzzone I zusammen.

Mögliche Ausgangspunkte für Wanderungen in den Darßer Wald sind Prerow, Wieck oder Born. Alle Touren durch den Darßwald können sowohl zu Fuß als auch mit dem Fahrrad unternommen werden.

Von Prerow durch den Darßer Wald zum Leuchtturm und zurück (Rundweg)

Die Tour beginnt auf dem »Langseer Weg«. Dazu folgen Sie der »Langen Straße« bis an den westlichen Ortsrand von Prerow. Dort besteht die Möglichkeit, das Auto (falls Sie nicht schon zu Fuß oder per Fahrrad hierher kamen) auf dem Parkplatz gegenüber der Gaststätte »Helgoland« abzustellen. Von dort aus folgen Sie dem Wanderweg mit der Markierung »Buchenblatt auf grünem Grund«. Nach etwa einer Viertelstunde erreichen Sie das »g-Gestell« (Markierung »Fisch auf gelbem Grund«). Nach der Kreuzung ändert sich die Markierung: aus dem »Buchenblatt auf grünem Grund« wird nun ein »Windflüchter auf blauem Grund«. Nach einer weiteren halben Stunde wird ein weiterer Forstweg, das »k-Gestell«, gekreuzt (Markierung »Watvogel auf gelbem Grund«). Von dort führt der Weg geradeaus weiter als Stichstraße an die Küste.

Der Langseer Weg, der im nördlichen Drittel den Darßwald durchschneidet, führt zunehmend durch sumpfige Erlenwälder und

Legende für alle Karten

- Nationalparkgrenze
- öffentliche Straße
- Wanderwege
- Bahngleis mit Haltestelle
- Ortschaft
- Information
- Bushaltestelle
- Parkplatz
- Fahrradparkplatz
- Beobachtungsstand
- Aussichtspunkt
- Leuchtturm
- Wirtschaft
- Schutzhütte, Unterstand
- Hafen
- Campingplatz
- Kirche

Von Prerow durch den Darßer Wald zum Leuchtturm

Dauer ca. 2 Std.

Markierung: Buchenblatt, Windflüchter, Watvogel, Leuchtturm

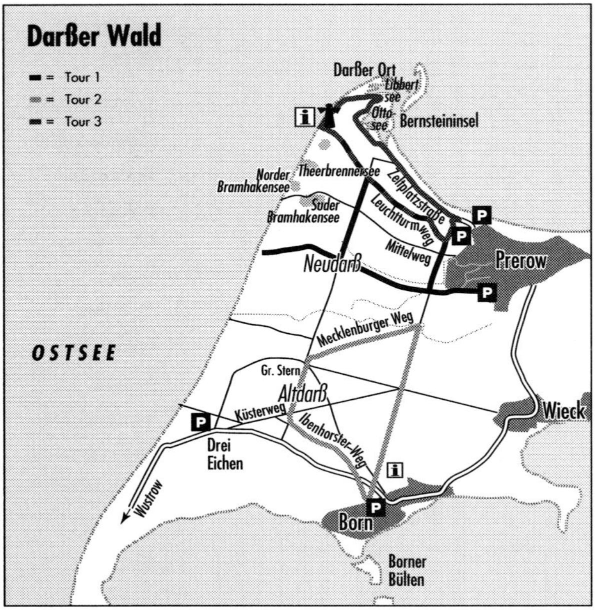

schilfgesäumte Strandseen charakterisiert wird. Am Küstensaum angekommen, kann man einen Blick nordwärts werfen, dem Darßer Ort zu. Je näher man dem Leuchtturm kommt, desto auffälliger werden die Dünen. Sie werden aus dem Material gebildet, das hier, an der wind- und strömungsexponierten Westseite vom Meer abgetragen wird. Während schwerer Stürme werden hier meterbreite Küstensäume mitsamt den auf ihnen wurzelnden Bäumen abgerissen. Die einige hundert Meter weiter nördlich angeschwemmten Sande werden zu Dünen aufgehäuft, die – zunächst nur mit Flechten, Strandhafer, Heidekraut, Krähenbeere sowie anderen Gebüschen bestanden – langsam in lockere Kiefernbestände übergehen. Der Unterwuchs dieser Strandkiefernwälder besteht stellenweise aus seltenen Wintergrün- und Orchideenarten. Bei zunehmender Humusanreicherung können sich letztlich dann die Buche und Eiche durchsetzen; während die Buche aber in den vergangenen Jahrzehnten durch forstliche Nutzung zugunsten der Kiefer zurückgedrängt wurde, verhindern Rehe und Hirsche durch Wildverbiß ein Aufwachsen der Eichen.

Um die störungsempfindliche Küsten-Tierwelt nicht zu stören, wenden sie sich auf dem gleichen Weg wieder landeinwärts zu, bis Sie wieder auf das von Süd nach Nord verlaufende »k-Gestell« stoßen, dem Sie nun nordwärts in Richtung Leuchtturm folgen (Markierung »Watvogel auf gelbem Grund«). Mit etwas Glück kann man hier auf Wildschweine treffen, die besonders die sumpfigen Erlenwälder bevölkern. Ein geduldiger Beobachter kann dort meist auch Moorfrösche beobachten, die im größten Teil Deutschlands bereits ausgestorben sind.

Nach ungefähr 2 km gelangt man zur Kreuzung mit dem Leuchtturmweg (Markierung »Leuchtturm auf blauem Grund«), dem Sie, sich nach links wendend, folgen; nach einer Viertelstunde Fußmarsch haben Sie dann das Ziel, den Leuchtturm, erreicht. Dort kann man entweder einen Blick auf die Dünen (bitte nicht betreten!) und den schönen Sandstrand werfen oder aber das sehenswerte Museum »Natureum«

aufsuchen, das über die Lebensräume am Darßer Ort informiert (s. S. 114). Der malerische Leuchtturm (Baujahr 1848) ist nach dem Leuchtturm von Kap Arkona der zweitälteste der gesamten mecklenburgisch-vorpommerschen Küste und zugleich der älteste, der noch in Betrieb ist.
Vom Leuchtturm gehen Sie den gleichen Weg wieder zurück bis zur Kreuzung mit dem »k-Gestell« (Markierung »Watvogel auf gelbem Grund«), bleiben dann aber auf dem Leuchtturmweg, um nach ungefähr 20 Minuten auf die Kreuzung mit dem »g-Gestell« zu stoßen. Hier wenden Sie sich nach rechts (Markierung »Fisch auf gelbem Grund«) und gehen bis zur Kreuzung mit dem Langseer Weg. Über den mit »Buchenblatt auf grünem Grund« markierten Weg gelangen Sie dann wieder an den Ausgangsort, den Parkplatz bei der Gaststätte »Helgoland« zurück.

Von Born durch den südlichen Darßer Wald (Rundweg)
Um den südlichen Teil des Darßer Waldes kennenzulernen, bietet sich als Ausgangspunkt Born an. Am Parkplatz beginnt der Weg mit der Markierung »Fisch auf gelbem Grund«, dem Sie in Richtung Norden bis zur Kreuzung mit dem Mecklenburger Weg (Markierung »Buchenblatt auf grünem Grund«) folgen; dort nach links wenden. Dieser Weg fällt mit der früheren Küstenlinie, dem »Altdarßer Kliff«, zusammen, die man als Geländestufe sogar erkennen kann; sie verläuft in südwestlich-nordöstlicher Richtung durch den Darßwald. Diesem Weg folgen Sie nun bis zur Kreuzung »Großer Stern« (nahe dort Raesfeld-Denkmal). Nach links wendend, folgen Sie dem »k-Gestell« in südlicher Richtung bis zur Kreuzung mit dem Ibenhorster Weg (Markierung »Ilex-Blatt«), die Sie nach ungefähr 15 Minuten erreichen.
Das »k-Gestell« bietet in seinem gesamten Verlauf einen repräsentativen Einblick in die Abfolge von »Reffen« (erhöhten ehemaligen Dünenpartien, heute meist mit Kiefern oder Buchen bewachsen) und »Riegen« (den versumpften Senken, überwiegend aus Erlenbrüchen bestehend). Dieses wellige Profil entspricht den im Verlauf der Landwerdung gebildeten Küstendünenzügen. Die Anhöhen, auf denen jetzt Kiefern oder Buchen stocken, trugen vor einigen hundert Jahren nur einen schütteren Grasbewuchs, die Erlenbrüche gingen aus röhrichtgesäumten Strandseen hervor.
Dem Ibenhorster Weg links folgend, erreichen Sie nach ungefähr 10 Minuten den Parkplatz in Born.

Von Prerow zum Natureum und zurück (Rundweg)
Ausgangspunkt ist der Parkplatz in der Nähe des Campingplatzes. Von dort wandern Sie auf dem mit »Leuchtturm auf blauem Grund« markierten Weg in nordwestlicher Richtung an die Küste. Nach ungefähr 1 Stunde erreichen Sie den Leuchtturm (s. o.), in dem sich neben einem Café auch ein sehenswertes Informationszentrum befindet. Das »Natureum« ist ein

Die Buchenwälder im Nationalpark Vorpommersche Boddenlandschaft (Foto nächste Doppelseite) sind stellenweise noch recht naturnah.

Von Born durch den südlichen Darßer Wald
Dauer ca. 3 Std.
Markierung:
Fisch, Buchenblatt, Watvogel, Ilex-Blatt

Von Prerow zum Natureum und zurück
Dauer ca. 2,5 Std.
reine Gehzeit
Markierung:
Leuchtturm, Möwe

Gemeinschaftsprojekt der Nationalparkverwaltung und des Stralsunder Meeresmuseums. Im Natureum kann der Besucher nicht nur Informationsmaterial und Bücher über das Schutzgebiet kaufen, hier bekommt er auch einen umfassenden Einblick über die geologischen Vorgänge der letzten Jahrtausende. Auf gut gestalteten Tafeln wird die Entstehung der Landschaft von der Eiszeit bis heute gezeigt. In Dioramen werden für den Nationalpark typische Lebensräume mit ihrer Tier- und Pflanzenwelt vorgestellt. Hervorragend gepflegte Aquarien zeigen einige der wichtigsten hier vorkommenden Fischarten. Außerdem wird die Geschichte des Leuchtturms dargestellt.
Das Natureum ist täglich geöffnet vom 1. Mai bis 31. Okt. von 10.00 – 18.00 Uhr; außerhalb der Saison sind die Öffnungszeiten eingeschränkt.
Im Leuchtturm hat der Besucher auch die Möglichkeit, sich schnell und sachkundig einen Überblick über den Nationalpark zu verschaffen, aber nicht per Augenschein sondern per Knopfdruck am Computer (s. S.154/155).
Vom Leuchtturm ausgehend bietet ein kurzer Rundweg in nordöstlicher Richtung Ausblicke auf die Landbildungszonen des Darßer Ortes (gesperrtes Gebiet) sowie auf die Strandseen Libbertsee und Ottosee. Hier kann man sehen, wie aus Strandhaken zunächst schütter bewachsene »Weißdünen« werden, auf die landeinwärts mit Sandsegge, Krähenbeere und Heidekraut bewachsene »Grau- und Braundünen« folgen; knorrige Kiefern setzen einen vorläufigen Schlußpunkt. Die erste Generation dieser Bäume wuchs noch zu Zeiten kurz nach Ende des Dreißigjährigen Krieges – älter ist dieses Land hier nicht. Das Gebiet um den Darßer Ort vermittelt einen guten Einblick in das Werden und Vergehen der Vorpommerschen Küstenlandschaft.
Der Ausflug in die Landbildungszone des Darßer Ortes endet an der Zeltplatzstraße (Markierung »Möwe auf blauem Grund«). Für den Rückweg zu Fuß von hier aus bis zum Parkplatz benötigen Sie etwa eine Stunde. Müde Wanderer können mit der Darßbahn nach Prerow zurückkehren.

Durch die Sundische Wiese nach Pramort
Dauer ca. 1 – 2 Stunden, je nach Schritttempo

Durch die Sundische Wiese nach Pramort

Diese Tour geht durch ein Gebiet, in dem verschiedene Problemzonen, aber auch einige der größten Kostbarkeiten des Nationalparks liegen.
Wenn man Zingst in östlicher Richtung verläßt, biegt die Fahrstraße bald nach Süden um und man sieht – zum Greifen nah – zwei von Röhrichten und Feuchtwiesen bedeckte Inseln in der Brackwasserlagune: die Vogelinseln Kirr und Oie (s. u.).
Die Straße führt dann in einem Halbkreis entlang des südlichen Waldrandes des Osterwaldes. Dieser Wald ist das größte geschlossene Waldgebiet auf Zingst. Obwohl er von der Straße

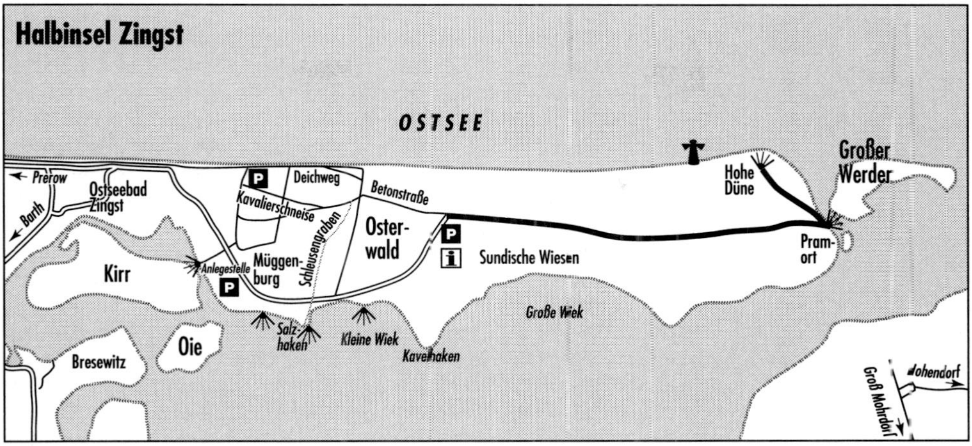

aus einen recht urwüchsigen Eindruck macht, ist er doch durch die in der Vergangenheit erfolgten Eingriffe stark in Mitleidenschaft gezogen worden. Der wertvolle Feuchtwald verarmte im Lauf der Jahrzehnte durch Brennholzentnahme, Waldweide und Forstwirtschaft, teilweise verheidete er und wurde mit Fichten bepflanzt; ein weiteres Problem ist der zu hohe Wildbestand. Ein im Zentralteil liegendes Moor wurde zeitweise zur Torfentnahme genutzt. Hier soll nach dem Willen der Nationalparkverwaltung im Laufe der Jahre eine Renaturierung zu einem standortgerechten strukturreichen Wald stattfinden.

Am Ende der Straße, nachdem Sie den Osterwald umrundet haben, liegt der Parkplatz »Schloß Sundische Wiese«, wo Sie das Auto abstellen. Dort besteht die Möglichkeit, für den weiteren Weg durch den Ostteil der Halbinsel Zingst Fahrräder zu mieten.

Auf dem Parkplatz befindet sich eine ständige Ausstellung der Nationalparkverwaltung, die die Besucher über die besonderen Probleme und Verhältnisse dieser Region informiert. Unter anderem befindet sich in den Räumen eine Dokumentation über die Neulandgewinnung im Bereich der Sundischen Wiesen in den 60er Jahren, eine geologische Übersicht über die Entstehung der Halbinsel Zingst aus einer Insel sowie ein Überblick über die Geschichte des Schießplatzes. Außerdem werden in einigen Dioramen verschiedene See- und Watvögel vorgestellt und Wissenswertes über Kraniche am Pramort vermittelt. Besucher können hier auch Broschüren und Bücher über den Nationalpark kaufen.

Die schnurgerade »Betonstraße«, die am Parkplatz beginnt, führt nun geradewegs durch die Sundische Wiese zum Ostende der Halbinsel Zingst, nach Pramort.

Früher befanden sich hier, ähnlich wie auf den Vogelinseln Kirr und Oie (s. u.), ausgedehnte Salzgrasländer. Nach der Sturmflut von 1872 begannen als Folgereaktion Deichbaumaßnahmen. Dennoch waren noch bis etwa 1960 wertvolle Feuchtwiesen vorhanden. Danach setzte jedoch eine große Intensivierungs- und Meliorationswelle ein, die Viehbestände wurden drastisch erhöht. Heute wird auf den Wiesen extensive Weidewirtschaft mit Fleischrindrassen der Agrar GmbH in Mutterkuhhaltung betrieben. Allerdings soll der frühere Zustand wieder hergestellt werden, indem die Viehdichte verringert wird, durch Öffnen der Schöpfwerke eine natürliche Überflutung der Wiesen garantiert wird und anschließend allmählich die Deiche zurückgebaut werden. Deshalb wurde der Osten von Zingst auch in die Schutzzone I aufgenommen.
Nördlich der Betonstraße liegen die Waldgebiete des einstigen Schießplatzes »Sundische Wiese«, die wegen Gefährdung für den Besucher noch gesperrt sind. Der Betrieb wurde jedoch inzwischen eingestellt.
Nach etwa 8 km erreichen Sie Pramort. Hier befindet sich ein von der Nationalparkverwaltung eingerichteter Beobachtungspunkt, von dem aus man eine Übersicht über die weiten Sandhaken- und Windwattareale hat. Der Blick schweift über die Werderinseln bis hinüber zur bewaldeten Insel Bock, hinter der man bei guter Sicht die Südspitze Hiddensees, den »Gellen« erkennen kann. Dieses Gebiet hat als Brut-, Rast- und Durchzugsplatz für Seevögel und Kraniche eine enorme Bedeutung und ist daher für die Allgemeinheit nicht zugänglich.
Von Pramort aus führt ein Dammweg in nordwestlicher Richtung weiter (Markierung »Seevogel auf blauem Grund«). Nach etwa einer halben Stunde Fußweg erreicht man die »Hohe Düne von Pramort«, die zusammen mit den sie umgebenden Bereichen das bedeutendste waldfreie Dünengebiet der vorpommerschen Ostseeküste ist. Neben dem Darßer Ort (s. o.) befindet sich hier die wichtigste natürliche Zone der Neulandbildung. Von der Düne aus haben Sie einen guten Rundblick über die weite Dünen- und Strandlagunenlandschaft.
Auf dem gleichen Weg geht es wieder zurück zum Auto am Parkplatz.

Vogelinseln Kirr und Oie

Die beiden Inseln sind seit langer Zeit für den Normalbesucher gesperrt, deshalb konnten sich hier äußerst wertvolle Seevogelbestände entwickeln, unter denen besonders die Arten Alpenstrandläufer und Kampfläufer zu erwähnen sind. Die Population des Alpenstrandläufers (mit der Unterart *Calidris alpina schinzii*) umfaßt rund 30 % des Gesamtbestandes von Deutschland! Weitere hier vorkommende stark bedrohte Vogelarten sind etwa Säbelschnäbler, Rotschenkel und Uferschnepfe. Die erwähnten Arten sind Bewohner kurzrasiger Feuchtwiesentypen, wie sie nur noch an we-

nigen Stellen unserer Heimat vorkommen. Die sogenannten »Salzgrasländer« kommen den Ansprüchen dieser Vögel hervorragend entgegen. Salzgraswiesen sind halbnatürliche Lebensräume, die nur durch extensive Beweidung aufrechterhalten werden können. Wichtig ist dabei eine mindestens ein- bis zweimal pro Jahr stattfindende Überflutung mit salzigbrackigem Wasser. Ohne diese beiden Faktoren würden hier Schilfröhrichte wachsen, das Artenspektrum wäre folglich ein völlig anderes.
Mit dem Fernglas kann man sehr gut die Vogelarten dieser Inseln von den zwei Beobachtungstürmen aus im Ort Zingst (Deich) beobachten, die man gut mit dem Fahrrad erreicht; sie sind auch für Rollstuhlfahrer zu empfehlen. Eine weitere Beobachtungsmöglichkeit besteht an der Anlegestelle in Müggenburg, die von der Straße Zingst – Pramort über einen Stichweg zu erreichen ist.

Auf der Insel Hiddensee

Hiddensee kann von verschiedenen Orten aus per Schiff erreicht werden, so von Schaprode, Wiek, Breege oder Lietzow (alle vier auf Rügen), von Stralsund und von Zingst aus. Da auf Hiddensee jeglicher private Autoverkehr verboten ist, parken Sie Ihr Fahrzeug am besten in der Nähe des Hafens, von dem Sie abfahren. In Schaprode wurde ein großer Parkplatz extra zu diesem Zweck eingerichtet. Das Fortbewegungsmittel der

Ein altes Fischerhaus in Vitte auf der Insel Hiddensee

Wah auf der Insel ist das Fahrrad, daher gibt es auch eine ganze Anzahl von Fahrradverleihstationen. Falls wirklich einmal das passende Modell nicht vorhanden sein sollte, können Sie immer noch auf eine Kutschpartie ausweichen oder schlimmstenfalls Ihr Schuhwerk bemühen.
Hiddensee ist eine geruhsame Insel. Das heißt allerdings nicht, daß es dort immer ausgesprochen ruhig zugeht, denn der besondere Ruf als Künstler- und Literatendomizil hat sich inzwischen doch ziemlich herumgesprochen, so daß man hier im allgemeinen auf weitaus mehr Menschen trifft als in vielen anderen Bereichen der Boddenlandschaft.
Auf der Insel bieten sich verschiedene Touren an.

Zum Dornbusch

Zum Dornbusch
Dauer ca. 2 Std.

Der Dornbusch ist der Nordteil von Hiddensee, ein e szeitlicher Inselkern, der seinen Namen nicht

von ungefähr trägt: Stellenweise ist er dicht mit Sanddorn und anderen sperrigen Gebüschen bewachsen, die ein Weiterkommen erschweren, wenn nicht unmöglich machen. Im Gegensatz zum überwiegenden Teil der Boddenlandschaft zeigt der Dornbusch ein hügeliges Gepräge. Den Höhenrekord des Nationalparks hält der Bakenberg mit 72 m. In den Steilküsten an der Westseite kann man Uferschwalben beobachten, die in die Sandwände ihre Höhlen gegraben haben. Immer wieder bricht ein solches Gebilde unter dem konstanten Ansturm der Wellen in sich zusammen und dient dann der Landzunge Neubessin »gleich um die Ecke« als Baumaterial.
Als Ausgangspunkt für einen Besuch des Dornbusches sind sowohl Kloster als auch das unweit südlich davon liegende Vitte geeignet. Man kann auch leicht zu Fuß gehen, denn der Dornbusch beginnt direkt am nördlichen Ortsende von Kloster. Interessierte können vorher noch einen Blick in die Dorfkirche St. Nikolaus mit ihrer schönen, in Blauweiß gehaltenen Inneneinrichtung werfen. Auf dem Dorffriedhof befindet sich das Grab des schlesischen Dichters Gerhart Hauptmann, einer der vielen illustren Personen, die sich zu Anfang des 20. Jh. auf Hiddensee aufhielten. Auch das nahegelegene Heimatmuseum ist einen Besuch wert.
Am »Haus Seedorn«, dem damaligen Privatbesitz Hauptmanns, der zu einer Gedächtnisstätte umfunktioniert wurde, beginnt der Rundweg, der zunächst an der Vogelwarte Hiddensee vorbei über den Hexenberg (52 m) zum Bakenberg führt, wo der 1888 erbaute Leuchtturm steht. Weiter auf dem Steilufer, gelangt man bald zum Swantiberg (65 m). Von hier aus hat man einen schönen Blick über die fingerförmigen Halbinseln Alt- und Neubessin sowie über die Ostsee hinüber nach Bug und Wittow. Wenn man sich umdreht, liegt einem Hiddensee zu Füßen, ein äußerst malerisches Bild. Der Rückweg erfolgt entlang des Ostufers.

Hiddenseer Dünenheide
Dauer etwa 2 Std.

Gerhart Hauptmann

Hiddenseer Dünenheide

Die Hiddenseer Dünenheide umfaßt eine Fläche von etwa 120 ha. Bei ihrer Entstehung haben eiszeitliche und nacheiszeitliche Prozesse eine Rolle gespielt. Das Material, das Wind und Wellen am Dornbusch abtrugen, wurde hier angelandet. Wie das Salzgrasland ist die Dünenheide ein »halbnatürlicher« Lebensraum, der durch menschliche Eingriffe wie Brennholzentnahme, Schafbeweidung und »Abplaggen« (Abtragen der obersten Bodenschichten für die Stalleinstreu) entstanden ist. In der Folge entwickelten sich aus den ursprünglichen Kiefernwäldern die Heidekraut- und Krähenbeerenflächen, die im Spätsommer die Gegend in ein violettes Blütenmeer verwandeln. Für Reptilien wie Kreuzotter und Waldeidechse sowie für manche Amphibien (Wechsel- und Knoblauchkröte) sind die trockenen Heideflächen ein wertvoller Lebensraum; daneben stellen sie aber auch ein

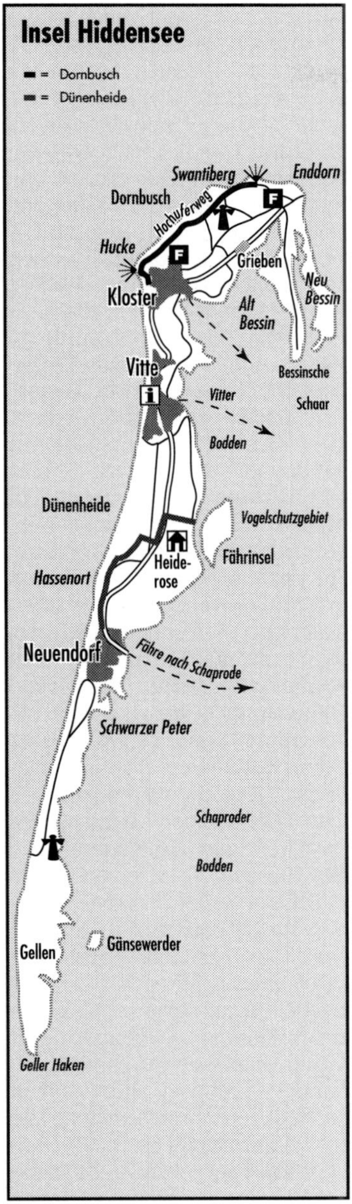

Dorado für wärmeliebende Insekten wie Grab- und Wegwespen, Hummeln, Heuschrecken und so manche Falterart dar.

Vitte und Neuendorf sind die Ausgangspunkte zum Besuch der berühmten Hiddenseer Dünenheide, wobei Vitte an ihrem Nord- und Neuendorf an ihrem Südende liegt. Vom Hafen Neuendorf aus geht man in nördlicher Richtung durch den schmucken Fischerort mit seinen reetgedeckten Häusern. Am Ortsende zweigt links ein Weg durch einen kleinen Kiefernwald zum Hiddenseer Weststrand ab, den man einen knappen Kilometer entlangwandert, um dann – diesmal rechts abzweigend – in die Dünenheide zu gelangen. Unterwegs stößt man auf eine Feriensiedlung (»Heiderose«) und wenig später erreicht man das Ostufer Hiddensees, das einen Blick auf den Schaproder Bodden und die Fährinsel (wertvolle Vogelbestände) freigibt. Von hier sind es noch etwa 2 km auf dem Fahrweg in nördlicher Richtung bis Vitte, wobei der Weg auf der rechten Seite stellenweise von Salzgrasland begleitet wird.

Tip: Läuft man von Vitte aus weiter nach Kloster und schließt daran die vorher beschriebene Tour durch den Dornbusch an, so kann man in knapp 5 Stunden vier der repräsentativsten Lebensräume der malerischen Insel Hiddensee kennenlernen (natürlich kann man das Ganze auch in umgekehrter Richtung machen).

Allerdings sollten Sie bedenken, daß beispielsweise bei Abfahrt von Schaprode aus maximal 10

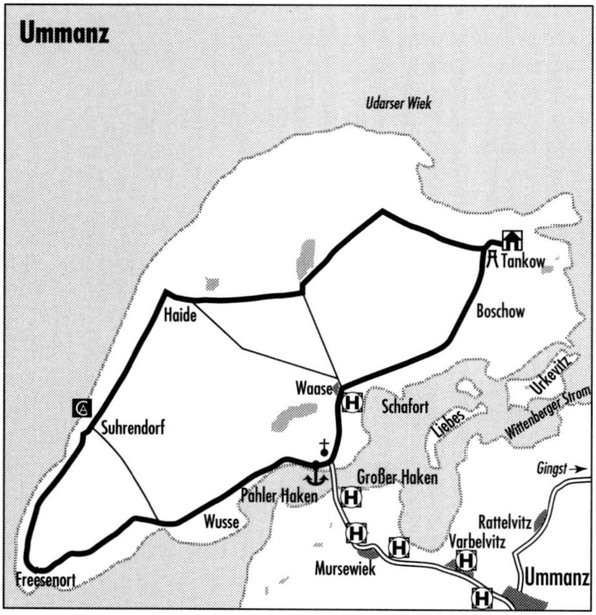

Stunden Inselaufenthalt zur Verfügung stehen, wenn Sie nicht auf der Insel übernachten wollen. Dies sollte jedoch genug Zeit sein, um neben den eben beschriebenen Touren auch noch ein oder zwei Stopps bei einem leckeren Fischgericht oder bei Kaffee und Kuchen einzulegen.

Rund um Ummanz
Dauer: ca. 3 Std.
mit dem Rad,
ca. 6 Std. zu Fuß

Rund um Ummanz

Auf diesem Rundweg kann man alle Landschaftstypen dieser Insel kennenlernen.

Die Tour beginnt in Waase. Den Ort erreicht man entweder mit dem Bus von Bergen oder Stralsund (Haltestelle im Ort) oder mit dem Auto (Parkplatz im Ort). Dort auch Fahrradverleih. Nach einem eventuellen Besuch der schönen Kirche von Waase wandern Sie auf befestigtem Plattenweg Richtung Tankow (Wegweiser Pension »Zum Kranich«). Vom Weg aus hat man einen guten Blick in den Varbelvitzer Bodden mit den drei Inseln Liebes, Mährens und Urkevitz. Im Hochsommer suchen auf den abgeernteten Feldern Graugänse nach Futter. Die Hekke entlang des Weges wurde im 19. Jh. gepflanzt, um die Brennholzversorgung zu gewährleisten. Vor Tankow hat man die Möglichkeit, von einer Aussichtsplattform aus in die Udarser Wiek zu blikken. Während der Zugzeit befindet sich hier im flachen Boddengewässer ein Kranichschlafplatz. Die flachen Boddenufer werden extensiv beweidet, um die Überdüngung aus früherer Zeit rückgängig zu machen und dadurch wieder artenreiche Salzwiesen entstehen zu lassen.

Von Tankow geht es weiter über einen Plattenweg Richtung Wokenitz. Über dem Röhricht kann man Rohrweihen beobachten, zwischen den Weidetieren auf den Wiesen Kiebitze, nach Abschluß der Brutzeit Starenschwärme. Am Stichweg zum Schöpfwerk folgen Sie diesem bis zum Deich, wo Sie einen Blick auf die Udarser Wiek - einem bedeutenden Nahrungs- und Rastgebiet für Küstenvögel - werfen können.

Auf dem Stichweg zurück und an der Kreuzung rechts haltend bis zum Wokenitzer Busch, dem einzigen Wald auf Ummanz. Es ist ein ehemals im Überflutungsbereich

gelegener Eschenmischwald mit eingestreuten Rot- und Hainbuchen, Stiel-Eichen, Schwarz-Erlen sowie in trockeneren Bereichen Kiefern. Zur Balzzeit kann man hier die Flugspiele der Kolkraben verfolgen. Hinter dem Wald gelangen Sie, an einer Kreuzung rechts haltend, nach Haide. Von dort nach Suhrendorf verläuft der Weg parallel zu Küste und Deich, auf dem fast das ganze Jahr die hübschen Grasnelken blühen. Links des Weges Weideland, Beobachtung von Graureihern bei der Nahrungssuche sowie Wiesenpiepern und Feldlerchen möglich. Beim Campingplatz von Suhrendorf können Sie auf den Deich gehen und in den Schaproder Bodden blicken: der Gellen/Hiddensee und dahinter die bewaldete Insel Bock sind zu sehen.

Ab Suhrendorf wandern Sie auf dem Deich Richtung Freesenort. An trockenen Stellen des Deiches wächst das Berg-Sandglöckchen. Landseitig liegt extensiv genutztes Grünland, auf den Weidezäunen haben Braunkehlchen ihre Ansitzwarten. Zum Bodden hin befindet sich ein Schilfgürtel, in dem Teichrohrsänger und Rohrammern brüten.

Von Freesenort aus kann man die Insel Heuwiese erkennen, die aus Schwemmsanden aufgebaut ist. Sie ist eine der artenreichsten Seevogelbrutstätten der Ostseeküste, deshalb darf man diese Vogelinsel nicht betreten.

Von Freesenort gelangen Sie über Wusse nach Waase zurück. Sobald sich der Weg dem Bodden nähert, auf Karmingimpel achten, die in den Sträuchern brüten.

An der Boddenküste bieten sich immer wieder vielfältige Fotomotive.

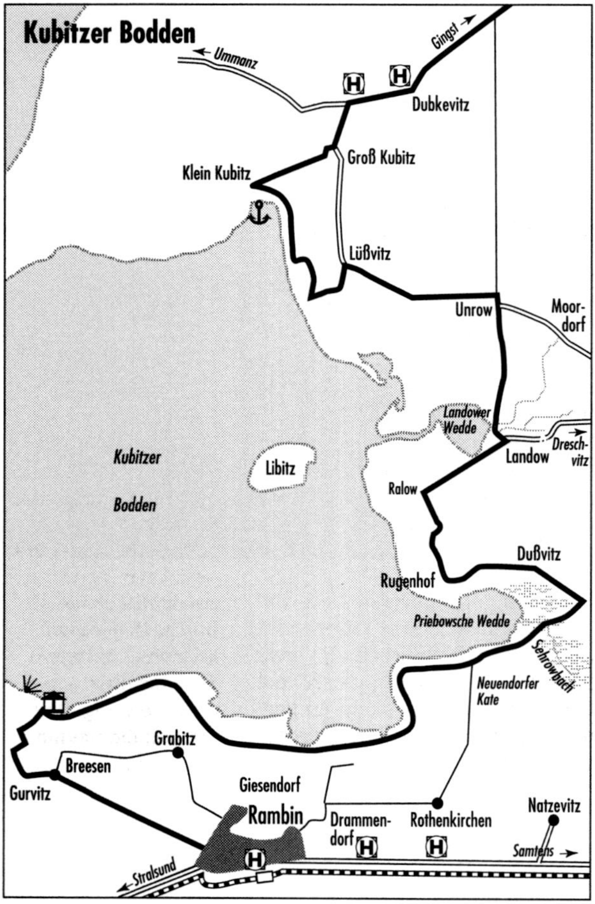

Entlang des Kubitzer Boddens

Den Ausgangspunkt dieser Tour, Rambin, erreichen Sie entweder mit dem Bus der Linie Stralsund – Bergen, mit dem Zug von Stralsund oder Bergen oder mit dem Auto. Mit dem Fahrrad ist die Tour nicht möglich, da sie teilweise durch Wiesen führt.

Auf dem Plattenweg von Rambin über Breesen nach Gurvitz, kurz hinter Gurvitz vor einer Pappelanpflanzung rechts haltend zum Kleinen Fuchsberg, einer leichten Anhöhe mit Stiel-Eichen, Kiefern, Sand-Birken und verschiedenen Sträuchern. Der Kleine Fuchsberg bietet einen guten Ausblick auf den Kubitzer Bodden mit der z. T. schilfbestandenen Verlandungszone. Zwischen dem Schilf wachsen Strand-Astern.

Entlang des Deiches führt der Weg weiter Richtung Osten über den sog. Großen Fuchsberg (Anglerhafen) zu einem Schöpfwerk. In den Rosensträuchern außerhalb des Deichs kann man mit etwas Glück Neuntöter oder Sperbergrasmücken beobachten. In die beweideten Vorlandflächen liegt kurzrasiges Salzgrasland mit freien Wasserflächen eingestreut, das vielen Watvögeln wie Großem Brachvogel oder Rotschenkel Nahrung bietet.

Der Weg führt weiter am Deich entlang über Neuendorfer Kate und Dußvitz zum Rugenhof; dabei kommt man im Mündungsbereich des Sehrowbaches in die Priebowsche Wedde durch eine vermoorte Niederung.

Zwischen Rugenhof und Ralow befindet sich das Ralower Holz, ein naturnaher Laubmischwald aus Stiel-Eiche, Rotbuche, Esche und Berg-Ahorn. Der artenreiche Waldrand wird u. a. von Adlerfarn, Hundsrose und Schlehe gebildet. Von Ralow weiter nach Landow kommt man an der Landower Wedde vorbei; auf der Wasserfläche tummeln sich viele Enten,

Schwäne oder Bläßhühner, über dem ausgedehnten Schilfgürtel gaukeln Rohrweihen.
In Landow links haltend, führt der Weg weiter nach Unrow. Typische Pflanzen entlang des Weges sind Graukresse, Geruchlose Kamille, Wegwarte oder Klatschmohn, in feuchteren Bereichen Mädesüß oder Wasserdost. In den Hecken kann man Dorngrasmücken, Neuntöter oder Goldammern beobachten, über der Verlandungszone des Kubitzer Boddens links des Weges mit viel Glück fliegende Raubseeschwalben. Vereinzelt liegen in der Akkerfläche rechts des Weges durch Bruchweiden gekennzeichnete Feuchtstellen, die auf sog. Toteislöcher zurückgehen (s. S. 46).
In Unrow links haltend, erreicht man Lüßvitz, wo am Ortseingang links ein Weg zum Schöpfwerk abzweigt. Diesem folgend, gelangt man durch einen Auwaldrest zu einem Wasserbecken, das häufig mit einem weißblühenden Teppich des Wasser-Hahnenfußes bedeckt ist. Im Auwald auf Pirol achten!
Der weitere Weg nach Klein Kubitz führt über den Deich; linkerhand wächst Röhricht mit Schilf und Strand-Astern, rechterhand begleitet ein Entwässerungsgraben mit Rohrkolben den Deich, in dem im späten Frühjahr Wasserfrösche ihre Quak-Konzerte veranstalten.
Von Klein Kubitz gelangt man auf der Straße über Groß Kubitz und Dubkevitz nach Gingst; dort können Sie mit dem Bus zurück nach Rambin fahren.

Tierbeobachtungen

Der eigentliche Magnet für viele Naturfreunde sind die großen Mengen an Wat-, Möwen- und Entenvögeln, Kormoranen und Kranichen, die sich in der Boddenlandschaft aufhalten. Beobachtungsmöglichkeiten vor allem der Vogelwelt bieten sich eigentlich überall, egal ob man sich gerade am Meeresufer, auf einer Feuchtwiese, auf dem Dornbusch oder im Darßwald befindet. An besonders »vogelreichen« Stellen hat die Nationalparkverwaltung insgesamt neun Beobachtungstürme eingerichtet, wo man diesen Tieren in Ruhe zusehen kann, ohne sie zu stören. Es empfiehlt sich allerdings, ein Fernglas oder Fernrohr mitzubringen.
An folgenden Plätzen gibt es Beobachtungsplätze: Darßer Ort, Zingst und Pramort, Bug, Alter Bessin/Hiddensee, Tankow auf Ummanz sowie Streu bei Schaprode. Einige der Beobachtungstürme können nur im Rahmen einer Führung aufgesucht werden. Informationen hierzu erhalten Sie in der Nationalparkverwaltung, Born, Tel. 038234/295.

Auch während einer Schiffahrt oder bei der Überfahrt über die Bodden haben Sie die Gelegenheit, den Nationalpark von der Wasserseite aus kennenzulernen; es ergeben sich immer wieder interessante Tierbeobachtungen, insbesondere im Herbst. Ob es sich »nur« um die Schwärme der Möwen und Seeschwalben, um die auf Schiffsmasten und Fi-

Kormorane (Foto nächste Doppelseite), die wegen ihres schwarzen Gefieders auch »Seeraben« genannt werden, brüten in großen Kolonien auf hohen Bäumen. Durch den ätzenden Vogelkot sterben die Bäume langsam ab.

schernetzen sitzenden Kormorane, die Scharen der Gänse und Enten in den flachen Bodden oder gar um eine im Meer schwimmende Kegelrobbe handelt, immer wird man um Begegnungen mit der vielfältigen Tierwelt dieser einzigartigen Landschaft bereichert von Bord zurückkommen.

Doch auch im Kleinen sind viele »Aha-Erlebnisse« möglich. Die an einem Pferdeapfel herumwerkelnden Mistkäfer auf einem Weg im Kiefernwald oder der eilige Lauf eines herrlich grüngolden schimmernden Laufkäfers, das Huschen einer Waldeidechse, die, vom Tritt des Wanderers aufgescheucht, in ihr Versteck gleitet oder der Sprung eines Moorfrosches in das Wasser einer schattigen Riege – all das und noch viel mehr wird ein aufmerksamer Wanderer im Nationalpark beobachten können.

Ausflüge in die nähere Umgebung

Einige Gemeinden liegen dem Nationalpark unmittelbar an oder sind gar von ihm umschlossen, wurden aber nicht in ihn aufgenommen: Zingst, Prerow, Wieck und Born auf der Halbinsel Darß/Zingst sowie Neuendorf, Vitte und Kloster auf der Insel Hiddensee.
In *Zingst* und besonders *Prerow* wird in der Anlage der Ortschaften das bei der Neulandbildung entstandene Muster von Dünenzügen und dazwischenliegenden Tälchen sichtbar: Die Gebäude stehen jeweils auf den erhöhten Rücken, Gärten und Wiesen in den Senken. Auch die Straßen folgen dem Gelände. Beide Orte sind überraschend weitläufig und beherbergen schöne Häuser, die teilweise noch aus der Blütezeit der Seefahrt im 19. Jh. stammen. An diese Zeit erinnern auch die Seemanskirche von Prerow, östlich des Dorfes gelegen, und ihr Friedhof. Das romantische rote Backsteinbauwerk wurde 1726 - 28 errichtet; heute befindet sich im Inneren des schlichten Barockbaues eine Ausstellung von Schiffsmodellen. Seit der Renovierung von 1985 erstrahlt sie innen wieder in kräftigen Farbtönen aus Blau, Grau und Grün.
Im Darß-Museum wird die Vergangenheit der Küstenlandschaft lebendig gehalten, desweiteren gewinnt man Einblicke in die Lebensgewohnheiten der Bewohner. Das Museum liegt in der Waldstraße 48.
Der Name des Fischerortes Prerow ist slawischen Ursprungs und bedeutet etwa »Durchbruch«, was die Verhältnisse trefflich charakterisiert. Bis zur großen Sturmflut von 1872 bestand hier ein Fluttor zwischen der Ostsee und dem Bodtstedter Bodden, Darß und Zingst waren voneinander getrennt (Zingst also eine Insel). 1874 wurde der Prerowstrom endgültig geschlossen, die südlich angrenzenden Grünland- und Boddenbereiche süßten allmählich aus. Der unmittelbar nördlich gelegene Strand türmt sich zu beachtlichen Dünengebilden auf, unter denen die »*Hohe Düne*« mit

mehr als 13 m die größte ist. Von hier aus hat man einen sehr schönen Blick auf Ostsee, Bodden und die Wiesen und Sumpflandschaften entlang des Prerowstromes. Die im Bodtstedter und Barther Bodden eingebetteten Vogelinseln Schmidt-Bülten, Kirr und Oie sind ebenso zu erkennen wie – an klaren Tagen – die Insel Hiddensee.

Ausgangspunkt zur Hohen Düne ist der Parkplatz am Bootsliegeplatz des Prerowstromes; von dort braucht man dann nur dem beschilderten Weg durch ein kleines Wäldchen hindurch zu folgen, bis der kurze Steig zur Spitze der Düne beginnt; dort befinden sich eine Aussichtsplattform und mehrere Bänke.

Obwohl nicht mehr sehr viel zu erkennen ist, bietet sich doch ein Besuch der nahegelegenen *Hertesburg* an (die auf dem Hügel stehende Kapelle ist neueren Datums). Hier befand sich einst ein Jagdschloß der Fürsten von Rügen und der Pommernherzöge; angeblich soll dort auch das Versteck von Störtebeker gewesen sein. Da sie am Prerowstrom liegt, darf auch angenommen werden, daß die Hertesburg eine Wächterfunktion innehatte. Nach dem 16. Jh. verfiel die Hertesburg zusehends, der Dreißigjährige Krieg dürfte ihr endgültig den Todesstoß versetzt haben. Heute sind nur noch die viereckigen Wall- und Grabenanlagen zu erkennen. Man erreicht die Hertesburg auf einem Pfad, der entlang des Ostdeiches des Prerowstromes verläuft.

1862 errichtete F. A. Stüler, ein Schüler des berühmten Architekten Schinkel die Fischer- und Seefahrerkirche von Zingst; sie hat keinen Turm. Im Heimathaus, einem typischen Schifferhaus mit offener Feuerstelle, befindet sich eine Ausstellung zur Zingster Wohnkultur, über die Seefahrt und die Dorfgeschichte. Auf der Zingster Seite des Prerowstroms liegen die Überreste der Hertesburg, ursprünglich ein Jagdschloß der pommerschen Herzöge (s. o.).

Wieck und *Born* waren ebenfalls während der Blütezeit der Seefahrt wohlhabende Ortschaften, wurden vom Fremdenverkehr aber später erreicht als etwa Prerow. In diesen reizvollen, etwas stilleren Orten kann man noch sehr gut erhaltene Häuser sehen. Zu Born, einem Fischerdorf mit schilfgedeckten Katen und einer sehenswerten Holzkirche, gehört auch das Gebäude, in der die Oberförsterei vom Darß und die Nationalparkverwaltung untergebracht sind.

Südlich des Darß schließen sich die Siedlungen des *Fischlandes* an; dazu gehören etwa Ahrenshoop, Wustrow oder Dierhagen.

Ahrenshoop beherbergte ab der letzten Hälfte des 19. Jh. eine bekannte Künstlerkolonie. Nördlich von Ahrenshoop befindet sich ein 54 ha großes Naturschutzgebiet, das *»Ahrenshooper Holz«*. Dieses Waldgebiet existiert bereits seit vielen hundert Jahren. Der Wald (vor allem Eichen und Buchen) beherbergt den größten zusammen-

hängenden Bestand der Stechpalme in den östlichen Bundesländern. Bis zur Eindeichung eines östlich angrenzenden Boddenbereiches der Werre in den 70er Jahren wurde das Waldgebiet häufig vom Wasser der Bodden überschwemmt, besonders im Winter. Nach den gravierenden Änderungen des Grundwasserspiegels beginnt sich die Artenzusammensetzung des Waldes ebenfalls zu verändern. Aufgrund des hohen Totholzanteils kommen viele Vogelarten vor.
Südlich von Dierhagen, direkt an die Ostsee angrenzend, liegt das Naturschutzgebiet »*Ribnitzer Großes Moor*«. Es stellt ein weitgehend abgetorftes Küstenhochmoor dar, das sich jetzt in der Regeneration befindet; das Moor kann auf einem Wanderweg begangen werden.
Durch die Stadt *Barth*, am Südrand des Barther Boddens, führt einer der Landzugänge auf die Halbinsel Darß/Zingst. Die wuchtige Marienkirche aus dem 13./14. Jahrhundert diente und dient weiterhin als wichtiger Orientierungspunkt vom Bodden aus. Bemerkenswert sind das spätgotische Taufbecken sowie die gotischen Wandmalereien im Seitenschiff auf der Südseite. In Barth befindet sich auch eine der letzten niederdeutschen Bibeln, die hier 1588 gedruckt worden waren. Von der alten Stadtbefestigung zeugen noch der Fangelturm und das Dammtor.
Die Doppelstadt *Ribnitz-Damgarten* wird vom Flüßchen Recknitz durchflossen. Sehenswert sind die um 1400 erbaute Klosterkirche, das Rostocker Tor, der letzte Rest der ehemaligen Stadtbefestigung, und das Bernstein-Museum; hier befindet sich der größte Verarbeitungsbetrieb für Bernstein von Mecklenburg. Das Bernstein-Museum ist in einem ehemaligen Damenstift untergebracht; gezeigt wird die Entstehung, Gewinnung und Verarbeitung des fossilen Harzes.
Öffnungszeiten: Mai – Sept.
täglich von 9.30 – 17.30 Uhr,
Okt. – April, Di – Sa von 9.30 – 16.30 Uhr und So von 13.00 – 16.30 Uhr.
Südöstlich der Stadt erstreckt sich das breite Urstromtal des Flüßchens Recknitz. Wegen der relativen Abgeschiedenheit und einer abwechslungsreichen Landschaft eignet sich das Urstromtal gut für Wanderungen.

Die Siedlungen auf Hiddensee gehen mit Ausnahme von Kloster auf Fischersiedlungen zurück. Der Name der größten Siedlung, *Vitte*, bezeichnete früher eine Anlandungs- und Verarbeitungsstelle für den Heringsfang. Ältester (und kleinster) Ort auf Hiddensee ist Grieben. Neuendorf, das erst im 17. Jh. entstand, hat die ursprüngliche Anlage eines Fischerdorfes am besten bewahrt.
Der Ort *Kloster* ging hervor aus der Gründung eines Zisterzienserklosters im Jahre 1296. Das Kloster bestand bis 1536. Kloster war lange Jahre hindurch Sommerwohnsitz des Dramatikers Gerhart Hauptmann, der auch dort begraben liegt. In dem Haus, das er

1930 kaufte, ist heute eine Gerhart-Hauptmann-Gedenkstätte eingerichtet.
Im Heimatmuseum in Kloster werden die Frühgeschichte der Insel sowie die Veränderungen des Ortes vom Fischerdorf zum Badeort dokumentiert. Im Museum ist eine Kopie des »Hiddenseer Goldschatzes« ausgestellt (Originale im Kulturhistorischen Museum in Stralsund, s. S. 97). Die von Wikingern hergestellten Schmuckstücke stammen aus dem 10. Jh. und wurden 1872 – 74 bei Neuendorf am Strand gefunden.
Öffnungszeiten: Mai – Sept.,
Di – Do von 9.00 – 16.00 Uhr,
Anfang – 20. Okt., Di – So
von 10.00 – 15.00 Uhr.

Als Ausgangspunkt für Kranich-Beobachtungen ist *Klausdorf* an der Prohner Wiek (nördlich von Stralsund) geeignet. Auf den Feldern mit frischer Saat in der Umgebung halten sich die stattlichen Vögel, aber auch Gänse, besonders gern zur Nahrungssuche auf. Nördlich von Klausdorf liegt *Barhöft*. In der Nähe befindet sich das alte Kliff, von dem aus man einen guten Blick auf die heute überwiegend bewaldete Nationalpark-Insel Bock und die dahinter liegende ausgedehnte Sandplatte des einmaligen Windwatts gewinnt. In westlicher Richtung sieht man die Werderinseln und bei guter Sicht Pramort auf Zingst, in östlicher Richtung das Südende von Hiddensee, das Vogelschutzgebiet Gellen. Auch von Barhöft aus kann man hervorragend Kraniche beobachten.

Unternehmungen mit Kindern

Was man mit Kindern im Nationalpark unternehmen kann, hängt in erster Linie von der Aufnahmebereitschaft der kleinen Besucher und von der Art und Weise ab, wie man – ohne allzusehr belehrend zu wirken – versucht, ihnen Wissen zu vermitteln. Gerade dieser Bereich ist ja ein Schwerpunkt der im Nationalpark tätigen Commerzbank-Praktikanten (s. S. 154/155), und so werden in mehr oder weniger regelmäßigen Abständen Exkursionen und Führungen angeboten, die speziell für Kinder zugeschnitten sind. Es ist immer wieder erstaunlich, wie wißbegierig und oft auch beschlagen Kinder sind. Informationen dazu erhalten Sie bei der Nationalparkverwaltung in Born, Tel. 038234/295.
Der Wald, die Dünen, die Heide und das Meer mit allen ihren Bewohnern bieten viele Möglichkeiten für Kinder, Erlebnisse und Beobachtungen zu machen, die sie zu Hause nicht haben. Auch eine Besichtigung in einem der zahlreichen Museen, ein Besuch der Fischerboote im Hafen oder eine Dampferfahrt durch die Bodden sind Urlaubserlebnisse, von denen sie später sicher begeistert berichten werden.
Was es hier allerdings nicht gibt, sind Freizeitparks à la Disneyland. Spielplätze sind an manchen Orten vorhanden, z.B. in Wustrow. Der schönste Abenteuerspielplatz ist aber immer noch der feine Sandstrand, der sich an fast allen Stellen kinderfreundlich sanft ins Meer absenkt.

Klima und Reisezeit

Der Nationalpark Vorpommersche Boddenlandschaft ist zu allen Jahreszeiten einen Besuch wert. Relativ wenige Leute werden im Winter herkommen, und dennoch können in dieser Jahreszeit besonders eindrucksvolle Eindrücke gesammelt werden, dann nämlich, wenn Wind, Wellen und Eis die Küste heimsuchen und ganze Kliffstücke zum Abrutschen und Abbrechen bringen und die Strände unpassierbar machen oder wenn die Salzwiesen unter Wasser stehen – hier ahnt man etwas von den immensen Kräften, die heute noch wie vor Tausenden von Jahren ablaufen. Die Vorpommersche Boddenlandschaft – Deutschlands größte »natürliche Baustelle«, so könnte man diese Vorgänge bezeichnen.

Auch im Winter sind mannigfache Tierbeobachtungen möglich, etwa die Schwärme der Eider- und Eisenten sowie der übrigen Schwimmvögel. Mit viel Glück wird man vielleicht zu dieser besonders ruhigen Jahreszeit auch einen Seeadler beobachten können. Die Monate April und Mai bringen das vielstimmige Konzert der Vogelscharen, die am Strand, in den Feuchtwiesen und Röhrichten brüten, ebenso wie das der busch- und waldbrütenden Gefiederten. Die Laubwälder auf Darß und Zingst ziehen ihr Frühlingskleid an, und die Tage können schon angenehm warm werden.

Der Sommer ist natürlich die Hochsaison, denn jetzt locken die vielen schönen Sandstrände. Meist ist das Wetter gut, die Niederschläge gehören mit rund 550 mm zu den niedrigsten in ganz Deutschland. Vielfach ist aber die Luftfeuchtigkeit relativ hoch, so daß Küstennebel auftreten können. In den Feuchtwäldern besonders des Darß' erheben sich dann die Schwärme der Mücken; in diesen Gegenden ist man dann gut beraten, ein Mittel gegen Mücken dabei zu haben.

Im Spätsommer steht die Heide in voller Blüte, emsig umsummt von Bienen und Hummeln. Der Herbst ist dann der eigentliche Höhepunkt für den Naturliebhaber, wenn die nach tausenden zählenden Schwärme der Wasservögel ihre Einstände aufsuchen und das Trompeten der Kraniche durch die Luft schallt. Nicht minder eindrucksvoll ist das Röhren der Rothirsche, das besonders in der Dämmerung zu hören ist. Zu dieser Zeit bestimmen die Farben der herbstlichen Wälder oder des reifen Röhrichts das Bild der Landschaft.

Wichtige touristische Informationen

Der Tourismus im Nationalpark Vorpommersche Boddenlandschaft konzentriert sich auf die Ortschaften Prerow, Born und Wieck auf der Halbinsel Darß sowie auf das Ostseebad Zingst auf der gleichnamigen Halbinsel. Desweiteren ist natürlich auch die Insel Hiddensee mit den drei Orten Kloster, Vitte und Neuendorf ein Besuchermagnet. Ruhiger geht

es auf Ummanz und Westrügen zu. Auf Rügen sind zum Beispiel die Orte Schaprode und Dranske gute Ausgangspunkte zum Besuch der östlichen Bereiche der Boddenlandschaft. Bereits außerhalb des Nationalparks liegt das Fischland, ein schmaler Landstreifen, der die Halbinsel Darß/Zingst mit dem Festland verbindet. Hier gibt es weitere Übernachtungsmöglichkeiten, etwa die Ostseebäder Ahrenshoop, Wustrow sowie Dierhagen. Auf dem südlich angrenzenden Festland bieten sich als Ferienorte beispielsweise Ribnitz-Damgarten, Barth sowie natürlich Stralsund an.

Informationen über den Nationalpark »Vorpommersche Boddenlandschaft« holt man am besten in den Informationszentren des Nationalparks oder direkt in der Nationalparkverwaltung ein. Hier

Der Seeadler ist im Winter in der Boddenlandschaft eine vertraute Erscheinung. Der weiße Schwanz des Adlers im Foto ist ein sicheres Merkmal für einen erwachsenen Vogel.

kann man alles Wissenswerte über die Schutzzonen, über Verhaltensregeln im Nationalpark, gesperrte Bereiche, die im Nationalpark vertretenen Tier- und Pflanzenarten, Beobachtungsmöglichkeiten sowie angebotene Führungen und Informationsveranstaltungen erfahren. Sprechtag der Nationalparkverwaltung ist am Donnerstag. Die Verwaltung befindet sich in Born auf Darß (im Forsthaus); man erreicht sie, wenn man – von Ahrenshoop kommend – über einen auf der linken Seite in den Wald abzweigenden Stichweg fährt. Die Adresse lautet:

• Nationalparkverwaltung
Forsthaus
18375 Born
Tel. + Fax 038234/295

• Infozentrum Wieck
Alte Schule
Öffnungszeiten: in der Sommersaison Mo – Sa, 10.00 – 17.00 Uhr

• Infozentrum Sundische Wiese
Ostzingst
Öffnungszeiten:
täglich 10.00 – 17.00 Uhr

• Infozentrum Barhöft
Haus Nord
Öffnungszeiten:
Mi, Sa, So 10.00 – 17.00 Uhr,
Juli – Sept. 10.00 – 18.00 Uhr

• Natureum Darßer Ort im Leuchtturm Darßer Ort
Öffnungszeiten: in der Sommersaison täglich 10.00 – 18.00 Uhr

• Insel Hiddensee im Nationalpark
Vitte Dünenhaus
Öffnungszeiten: Mai – Mitte Juni,
Di - So von 10.00 – 16.00 Uhr,
Mitte Juni – Mitte Sept.,
Di – So von 10.00 – 18.00 Uhr

In den Orten innerhalb des Nationalparks und in seinem direkten Umfeld findet jeder das Quartier, das seinen persönlichen Ansprüchen am nächsten kommt bezüglich Ruhe (eigentlich überall vorhanden), Gastronomie, Strand- oder Waldnähe. Bei der Wahl erfüllen Ihnen die verschiedenen örtlichen Fremdenverkehrsämter gerne Ihren Wunsch einer möglichst umfassenden Information über vorhandene Einrichtungen. Ihre Anfragen richten Sie bitte an (Auswahl):

• Kurverwaltung Ahrenshoop
Kirchnersgang 2,
18347 Ostseebad Ahrenshoop,
Tel. 038220/234

• Fremdenverkehrsverein Born
Auf den Branden 6,
18375 Born auf Darß,
Tel. 038234/259

• Kurverwaltung Dierhagen
Dierhagen-Strand, Waldstraße 2,
18347 Ostseebad Dierhagen,
Tel. 038226/201

• Fremdenverkehrsverein Dierhagen
Strandstraße 6,
18347 Ostseebad Dierhagen,
Tel. 038226/1307 bzw. 80211

• Fremdenverkehrsamt Dranske
Karl-Liebknecht-Straße 41
18556 Dranske/Rügen
Tel. 038391/8730
Fax 038391/8127

• Kurverwaltung Kloster
18565 Kloster Hiddensee,
Tel. 038300/326

• Fremdenverkehrsamt und Kurverwaltung Prerow
Gemeindeplatz 1,
18375 Ostseebad Prerow,

Tel. 038233/226,
Fax 038233/227
• Ummanz-Information
Neue Straße 30
18569 Waase/Rügen
Tel. 038305/8135
• Private Zimmervermittlung Vitte/Hiddensee
Rathaus Vitte,
Tel. 038300/242,
Fax 038300/225.
• Kurverwaltung Wieck
18375 Wieck auf Darß,
Tel. 038233/201
• Kurverwaltung und Fremdenverkehrsverein Wustrow
Strandstraße 10 u. 11,
18347 Ostseebad Wustrow,
Tel. 038220/251 bzw. 463
• Kurverwaltung und Fremdenverkehrsvermittlung Ostseebad Zingst
Klosterstraße 21,
18369 Ostseebad Zingst,
Tel. 038232/231,
Fax 038232/633

In praktisch allen diesen Orten gibt es ein zum Teil reichhaltiges Angebot an Hotels, Pensionen, Ferienhäusern, Appartements und privat vermieteten Zimmern/Wohnungen. Dabei ist zu betonen, daß hier die ruhige familiäre Atmosphäre bestimmend ist.
Auch auf Rügen und dem benachbarten Festland findet der Quartiersuchende noch weitere Möglichkeiten. Zumindest außerhalb der Hochsaison stehen die Chancen gut, auch ganz spontan eine Bleibe zu finden.
An Gasthäusern, Restaurants mit fangfrischen Ostseefischen auf der Speisekarte und Cafés besteht im allgemeinen ebenfalls kein Mangel; wegen der großen Anzahl wird auf die Erwähnung einzelner verzichtet. Lediglich eine originelle Kuriosität sei hier genannt: Der im Jahre 1964 in Wustrow bei schwerem Sturm gestrandete dänische Kutter »Stinne« wurde zu einem gemütlichen Fischlokal ausgebaut, in dem es sich vortrefflich speisen läßt.
Für die weitere Zerstreuung sorgen ein Sommerkino (in Wustrow), Minigolfanlagen (in Zingst und Born), eine Kegelbahn (in Dierhagen) sowie Tennisplätze (in Wustrow). Bademöglichkeiten, auch FKK, gibt es an vielen Plätzen entlang der feinen Ostseestrände, so an der gesamten Fischlandküste, auf dem Darß (nur außerhalb der Schutzzone I!), zwischen Prerow und Zingst sowie an der Westküste von Hiddensee. Bei schlechtem Wetter gibt es in einigen Hotels die Möglichkeit, in die Sauna zu gehen, in verschiedenen Orten existieren auch kleine Bibliotheken, um sich über verregnete Ferientage zu retten. In Ahrenshoop, dem »Worpswede Mecklenburgs«, finden regelmäßig Lesungen und Ausstellungen statt.
Nicht vergessen sollte man auch die zum Teil ausgezeichneten Museen, die das Gebiet aufzuweisen hat, wie das »Natureum« am Darßer Leuchtturm (s. S. 111). Weitere Museen gibt es in Prerow (Darß-Museum), in Zingst (Kapitänshaus aus dem Jahre 1867), in Gingst/Rügen, in Klockenhagen (Freilichtmuseum) und Ribnitz-

Damgarten (Bernstein-Museum), die z. T. bereits im Kapitel »Ausflüge in die Umgebung« (s. S. 128) erwähnt wurden. Falls man einen Ausflug nach Stralsund unternehmen will, sollte man sich dort unbedingt das Meeresmuseum ansehen, in Rostock lockt das Schiffahrtsmuseum. Lokale Attraktionen sind auch die Zeesbootregatta und das traditionelle »Tonnenabschlagen«, die im Ostseebad Wustrow jeweils am ersten bzw. zweiten Julisonntag durchgeführt werden.

Für Urlauber, die mit Zelt oder Wohnwagen/Wohnmobil unterwegs sind, gibt es hier eine ganze Anzahl von Campingplätzen:

- Campingplatz Prerow
18375 Ostseebad Prerow,
Tel. 038233/331
- Campingplatz am Bodden
18375 Born auf Darß,
Tel. 038234/244
- Campingplatz »Am Freesenbruch«
Seestraße, Strandübergang 16,
18374 Zingst,
Tel. 038232/786
- Campingplatz »Zwischen den Meeren« (Eröffnung 1994)
Landstraße 8
18374 Zingst Ost,
- Campingplatz Suhrendorf
auf Ummanz

Desweiteren existieren drei Campingplätze in Dierhagen (in den Ortsteilen Dierhagen-Ost, Dierhagen-Strand und Neuhaus), in Schaprode auf Rügen sowie zwei weitere bei Bodstedt, unweit der Straße Barth-Zingst.

Für Heranwachsende, die auf ihr Budget achten müssen, gibt es Jugendherbergen in Zingst, Born und Barth:

- Jugendherberge Zingst
Glebbe 14
18374 Zingst,
Tel. 038232/465,
(geöffnet vom 2. März – 31. Okt.)
- Jugendherberge Born-Ibenhorst
Im Darßer Wald,
18375 Born-Ibenhorst,
Tel. u. Fax 038234/229,
(geöffnet vom 21. April – 9. Okt.)
- Jugendherberge Barth
Donnerberg,
18356 Barth,
Tel. 038231/2843,
Fax 038231/2090,
(geöffnet vom 16. Jan. – 13. Dez.)

Auch für die Kleinen und Kleinsten (und für die Eltern, wenn sie sich von ihren Lieblingen einmal erholen wollen) ist gesorgt. In Wustrow gibt es einen Kinderspielplatz im Urlauberdorf, dort und in Dierhagen auch eine Tagesstätte zur Betreuung.

Anreise

Die *Halbinsel Darß/Zingst* erreicht man mit dem Zug bis Ribnitz-Damgarten West (Haltestelle des IC »Rügen«) und von dort weiter mit dem Bus, außerdem mit Zug/Bus bis Barth und von dort weiter mit dem Bus.
Die Zufahrt mit dem Auto kann über mehrere Wege geschehen. Der am meisten benutzte führt wohl über den Ort Barth, der ca.

35 km nordwestlich Stralsund liegt (zunächst in westlicher Richtung der B 105 bis Löbnitz folgen, von dort Abzweigung nach Barth, dann noch 8 km in nördlicher Richtung). Ab Barth müssen im weiteren Verlauf die Meiningenbrücken passiert werden, bevor die Halbinsel Darß/Zingst erreicht wird.

Eine weitere Zufahrtsmöglichkeit besteht durch eine Straße, die nach Dierhagen und weiter durch das »Fischland« (der südwestliche »Stiel« der Halbinsel Darß/Zingst) über die Ostseebäder Wustrow und Ahrenshoop zur Halbinsel Darß/Zingst führt. Diese Anreisemöglichkeit ist vor allem für die Reisenden interessant, die von Rostock her kommen. Diese fahren die B 105 bis kurz vor Ribnitz-Damgarten. Nach links zweigt dann in Altheide die ausgeschilderte Straße zum Fischland ab. Von dort kann man weiter bis zu den beiden Hauptorten und touristischen Anziehungspunkten der Westhälfte des Nationalparks gelangen, nämlich zu den Ostseebädern Prerow und Zingst.

Der Ostteil des Nationalparks umfaßt unter anderem die Inseln *Hiddensee* und *Ummanz*, die zweckmäßigerweise von Rügen aus angefahren werden.

Bahnreisende nach Hiddensee fahren über Stralsund nach Bergen und von dort mit dem Bus nach Schaprode und mit der Fähre nach Hiddensee weiter.

Für Autofahrer gibt es verschiedene Fähren, die nach Hiddensee übersetzen, so die von Schaprode, Wieck und Breege. Aber auch von Zingst oder direkt von Stralsund aus existiert eine Fährverbindung nach Hiddensee.

Bahnreisende zur Insel Ummanz fahren bis Stralsund oder Bergen; von dort gelangt man mit dem Bus bis Ummanz (Haltestelle in Waase auf Ummanz). Mit dem Auto erreicht man die Insel über eine kleine Brücke, die vom Weiler Mursewiek auf Rügen hinüberführt. Um dorthin zu gelangen, folgt man der B 96 Stralsund – Bergen bis zum Ort Samtens, biegt dann links nach Dreschwitz ab, durchfährt diesen Ort, bis man nach Gingst gelangt. Dort muß man abermals links Richtung Ummanz abbiegen.

Angekommen, eröffnen sich mannigfache Möglichkeiten der weiteren Fortbewegung, je nach Vorliebe und Geldbeutel. Gerade das Angebot an geruhsamen oder nostalgischen Fortbewegungsmitteln ist besonders groß, was dem Charakter dieser in vielerlei Hinsicht noch ursprünglichen Gegend am besten Rechnung trägt. So gibt es viele Fahrradverleihstationen, besonders auf Hiddensee, aber auch in Prerow und Zingst, ferner in Born, Ahrenshoop und Wustrow. Reitställe sowie Gelegenheiten, Kutschfahrten zu unternehmen, bestehen ebenfalls in Prerow, Wiek und Zingst, außerdem in Born, Ahrenshoop und Dierhagen. Bootsausflüge und Angeltouren sind gleichfalls von den meisten dieser Orte aus möglich, viele bieten auch private Boot- und Surfboardvermietungen an. Man sollte sich aber vorher immer über etwaige für den Bootsverkehr gesperrte Zonen informieren.

Verhalten im Nationalpark

Ein Nationalpark ist dazu da, bestimmte besonders wertvolle Landschaften sowie die zugehörigen Tier- und Pflanzenarten zu bewahren. In der Regel sind dies in unserer Heimat einzigartige oder zumindest sehr selten gewordene Lebensräume.

Nationalpark Jasmund

Die bedeutendsten Lebensraumtypen Jasmunds – jeder in sich weiter in Teillebensräume gegliedert – sind die Kreidekliffs mit ihren vorgelagerten Stränden, die Buchenwälder mit ihren Bächen, Mooren und Stillgewässern sowie die offenen Bereiche rund um die Quoltitzer Kreidebrüche. All diese Kostbarkeiten sind zusammen gerade 30 km² groß, werden aber jährlich von 1,5 Mio. Besuchern begangen und befahren! Bis zu 2000 Fahrzeuge werden an Spitzentagen auf dem Hagener Parkplatz registriert! Wenn auch der Hauptansturm natürlich dem Königsstuhl gilt, so bleiben doch noch genügend Wanderer übrig, die sich auf den ausgewiesenen Wegen im Gebiet verteilen. Vermutlich sind bereits Seeadler und Wanderfalke dem Anwachsen der Touristenströme, die schon zu DDR-Zeiten beträchtlich waren, zum Opfer gefallen. Doch wegen der vergleichsweise geringen Größe ist es nicht möglich, flächige Areale vom Störungsfaktor »Mensch« gänzlich freizuhalten.

Blick auf den Herthasee, in dem der Sage nach die germanische Göttin Hertha zu baden pflegte.

Abendstimmung an der Ostsee

Um die Belastung für Tier- und Pflanzenwelt möglichst gering zu halten, sollte der naturbewußte Besucher die gekennzeichneten Wanderwege nicht verlassen. Der Nationalpark ist wegemäßig gut erschlossen. Der wichtigste ist der 12 km lange Hochuferweg entlang des Kreidesteilufers zwischen Lohme und Sassnitz, weitere Wege führen zum Herthasee, entlang des Kollicker Baches und zur Waldhalle. Selbstverständlich können auch die Fahrstraßen zwischen Hagen und Sassnitz sowie zum Königsstuhl zum Wandern benutzt werden.

Von Wegen abzuweichen ist im gesamten Nationalpark untersagt. Das Betreten der oftmals überhängenden Steilkanten ist lebensgefährlich, denn der Boden gibt leicht nach und bricht ab; zudem sind dadurch auch Strandwanderer gefährdet! Die einzige Ausnahme vom erwähnten Wegegebot ist der Geröllstrand unterhalb der Kreidefelsen, der von vielen Touristen frequentiert wird. Bitte denken Sie aber daran, daß es verboten ist, die empfindlichen Hänge emporzusteigen; dies dient neben dem Schutz der Pflanzen auch Ihrer eigenen Sicherheit!

Zur Schonung der ohnehin durch hohe Trittbelastung beanspruchten Wanderwege ist Radfahren und Radschieben nur auf entsprechend beschilderten Wegen erlaubt.

Privater Auto-Verkehr ist nur entlang der Nord-Süd-Verbindung Hagen-Sassnitz sowie auf einigen davon abzweigenden Stichstraßen gestattet. Die Zufahrt zur

Waldhalle ist zwar frei, der Zustand dieser Straße aber sehr schlecht. Besser für Ihr Auto, Ihre Gesundheit und auch für die Umwelt ist es daher, die Strecke zu Fuß zurückzulegen und Ihr Auto auf dem vorgelagerten Parkplatz abzustellen.

Parken ist generell nur auf den dafür vorgesehenen Parkplätzen erlaubt. Denken Sie daran, daß bei über einer Million Besuchern pro Jahr das empfindliche Ökosystem des Nationalparks durch Abgase stark belastet wird und fahren Sie nur dann, wenn es unbedingt nötig ist.

Ihre Abfälle nehmen Sie bitte wieder nach Hause mit oder entsorgen sie an den dafür vorgegebenen Stellen; herumliegende Dosen oder Tüten sind nicht nur ein häßlicher Anblick, sondern können für Tiere tödlich sein!

Sonst gelten die allgemein für Nationalparke und Naturschutzgebiete erlassenen Bestimmungen; demnach sind verboten

- Pflanzen oder deren Teile zu sammeln
- Tieren nachzustellen, zu töten und mutwillig zu beunruhigen
- Hunde frei laufenzulassen
- Feuer anzuzünden
- außerhalb fester Gebäude zu nächtigen.

Die an verschiedenen Stellen angebrachten Tafeln machen auf bestehende Verordnungen und Verbote aufmerksam, ein diesbezügliches Faltblatt liegt auch im Gebäude der Nationalparkverwaltung auf.

Am Busparkplatz Königsstuhl geben große Schautafeln über die

Geschichte und die Natur des Gebietes dem interessierten Besucher Auskunft, weitere Informationen können im benachbarten Verwaltungsgebäude eingeholt werden (so etwa Wegbeschreibungen, eine Broschüre über die Waldentwicklung der Stubnitz u. a.). Auch Führungen werden hier regelmäßig angeboten. Lassen Sie sich nicht von den Menschenmassen, die an Feiertagen die Anziehungspunkte Königsstuhl, Viktoriasicht oder Wissower Klinken bevölkern, abschrecken. Ein aufmerksamer und ruhiger Wanderer kann schon wenige Meter neben den unablässigen Touristenströmen unerwartete Beobachtungen machen: etwa den Gesang des

Blick aus der Luft auf die Werderinseln. Vor den Inseln liegt ein Flachwassergebiet, das nur bei ablandigen Winden trocken fällt: das für die deutsche Ostseeküste einmalige Windwatt. Wegen seines Nahrungsreichtums ist es ein Vogelparadies.

seltenen Zwergschnäppers aus einer dichtbelaubten Buche, vorüberziehende Meeresvögel oder eine verborgene Orchidee neben dem Wegesrand, vielleicht auch ein Rudel Hirsche im Dämmerlicht des Waldes – nur der, der gelernt hat zu sehen und zu hören, wird die nicht gleich ins Auge fallenden Schätze dieses einmaligen Gebietes entdecken können.

Nationalparkwacht

Um Besucher zum richtigen Verhalten anzuleiten, ist vor allem die Nationalparkwacht zuständig. Als Ansprechpartner der Besucher geben sie Informationen und klären den Unkundigen stets freundlich, doch bestimmt über Tun und Lassen im Nationalpark auf. Wegen der Finanzknappheit werden die 7 Nationalparkwächter teilweise mit Mitteln aus dem Etat des Arbeitsamtes bezahlt, was sicher nur als Notlösung anzusehen ist.

Nationalpark Vorpommersche Boddenlandschaft

Der Nationalpark Vorpommersche Boddenlandschaft unterscheidet sich in vielem vom Nationalpark Jasmund, so schon einmal durch seine Größe: 805 km^2 gegenüber gerade 30 km^2. Sodann wird er, wie der Name schon sagt, vom Wasser, nicht vom Land dominiert (nur ca. 15% der

Fläche sind Festland). Weitere gravierende Unterschiede bestehen hinsichtlich der Vegetation, der Tierwelt und der durch die geologischen Vorgänge bedingten Ausformung der Küste. Diese Besonderheiten haben ihrerseits Auswirkungen auf Ge- und Verbote für den Besucher, während andere Regeln – sozusagen die »Standards« für ein umweltgerechtes Verhalten – prinzipiell die gleichen wie im Nationalpark Jasmund (und wohl bei der Mehrzahl aller Nationalparke) sind.

Dazu gehört das »Wege-Gebot«, das vorsieht, daß man sich an die markierten Rad- und Wanderwege zu halten hat. In den Kernzonen ist das Wegegebot besonders zu beachten! Hunde sind stets an der Leine zu führen. Das Belästigen, Nachstellen und Fangen von Tieren (auch von Kleintieren) ist ebenso verboten wie das Pflükken von Pflanzen. Dasselbe gilt für das Entzünden von Feuer, das Zelten außerhalb von ausgewiesenen Campingplätzen und für das Wegwerfen von Abfällen. Auch auf das Rauchen sollten Sie möglichst verzichten, denn insbesondere die trockenen Kiefernwälder sind extrem waldbrandgefährdet.

Die Größe und die in vielen Bereichen relative Unberührtheit des Gebietes stellen für etliche im übrigen Deutschland vom Aussterben bedrohte oder bereits ausgestorbene Tierarten ein letztes Refugium dar; als Beispiele seien hier nur Kegelrobbe, Fischotter, Seeadler, Zwergseeschwalbe, Kranich, Kampf- und Alpenstrandläufer erwähnt.

Es versteht sich von selbst, daß nichts unversucht bleiben sollte, diese Kostbarkeiten auch weiterhin zu erhalten. Einen wichtigen Beitrag kann jeder Besucher dazu leisten, indem er sich so rücksichtsvoll wie möglich verhält. Ein Nationalpark ist kein lärmendes Freizeitgelände und auch nicht als Aktionsraum für Trimm-Dich-Fanatiker gedacht. Bleiben Sie auf den ausgewiesenen Wegen und verhalten Sie sich so ruhig und unauffällig wie möglich, dann werden Ihnen sicherlich Beobachtungen zuteil werden, die Sie andernorts nicht mehr machen können. Ob es dabei die Schwärme von Wasservögeln sind, die im Herbst zu Abertausenden in den Bodden einfallen oder versteckt lebende, für den Durchschnittsbesucher unauffällige Raritäten wie vielleicht der Drosselrohrsänger oder die Knoblauchkröte, entdecken kann sie eigentlich nur der Geduldige und Aufmerksame.

Auch der »normale« Wanderer, der von all den seltenen Arten ringsumher nicht allzuviel Kenntnis hat und eigentlich nur etwas »Ruhe tanken« will, sollte folgende Verhaltensregeln beherzigen: sich besonders außerhalb von Ortschaften einer gemäßigten Lautstärke befleißigen, nicht vom Weg abweichen und sich auch sonst möglichst unauffällig geben. Stoßen Sie auf Vogelansammlungen, die sich von Ihrem Kommen offensichtlich belästigt fühlen, so wählen Sie, wenn möglich, bitte einen anderen Weg. Speziell der Frühling und der Herbst sind für die Tiere problematische Jahreszeiten, denn da benötigen viele Arten eine erhöhte Energiezufuhr (Futteraufnahme für die Jungenaufzucht bzw. Reserven für den Zug), wobei Störungen auf alle Fälle vermieden werden sollten.

Ein besonderes Schauspiel ist natürlich der Durchzug der Kraniche, der besonders in den Monaten September und Oktober auffällig ist. Die traditionellen Nahrungs- und Schlafplätze werden dann von einer großen Zahl echter oder vermeintlicher Naturfreunde frequentiert. Es ist ja auch ein großartiges Erlebnis, wenn die Scharen trompetender Großvögel einfallen. Bleiben Sie dann aber bitte im Bereich der besonders zu diesem Zweck eingerichteten Beobachtungsstände. Menschenansammlungen auf Deichen, die sich für diese ausgezeichnet sehenden Tiere deutlich gegen den Himmel abheben, sind ein Streß- und Störungsfaktor!

Eine weitere gravierende Störung können auch die Aktivitäten der Freizeitsegler, -angler und Surfer sein. Diese finden vor allem im Sommer, daneben aber auch im Frühling und im Herbst statt.

Dabei ist grundsätzlich folgendes zu bemerken: Die Gewässer der Schutzzone I (Kernzone) sind für jeglichen öffentlichen Angel- und Freizeitsport verboten. In der Schutzzone II ist das Segeln und Surfen erlaubt, das Anlanden aber nur an den eigens dafür ausgewiesenen Landeplätzen gestattet. Auch ortsansässige motorbetriebene Boote dürfen die Gewässer des gesamten Nationalparks nur innerhalb der durch Tonnen markierten Fahrrinnen benutzen.

Gänzlich gesperrt für den freien Publikumsverkehr sind außerdem folgende Landgebiete: die Dünen- und Landbildungsbereiche um den Darßer Ort, desgleichen die der Ostspitze von Zingst bei Pramort außerhalb des öffentlichen Wanderweges, die Halbinseln Neubessin und Gellen auf Hiddensee sowie die Vogelinseln Schmidt-Bülten, Große Kirr, Oie, die Werder-Inseln, Bock, Heuwiese und Libitz. Zusätzlich zu den genannten Arealen gilt ein allgemeines Verbot, sich in der Zeit zwischen 1. Feb. und 31. Juli in einen Umkreis von weniger als 300 m Entfernung von Nestern stark bedrohter Großvögel wie Adler oder Kraniche zu begeben.

Nationalparkwacht

Wie im Nationalpark Jasmund sorgen auch im Nationalpark Vorpommersche Boddenlandschaft Nationalparkwächter (Ranger) für die Einhaltung der bestehenden Ge- und Verbote. Die rund zwei Dutzend Ranger sind auch erste Ansprechpartner bei Fragen und Problemen, die die Besucher vielleicht direkt vor Ort haben. Es gibt eine Reihe von Organisationen, die durch Finanzmittel zur Aufstellung dieser Truppe beitragen, so neben dem Land Mecklenburg-Vorpommern die Bundesanstalt für Arbeit (sechs ABM-Kräfte), die Europäische Gemeinschaft (allein elf Mitarbeiter aus EG-Mitteln) sowie das Bundesverteidigungsministerium (zwei Zivildienstleistende).

Umweltbildungsprojekte in den Nationalparken

Nach international gültigen Regelungen haben Nationalparke die Aufgabe, Natur zu schützen, den Menschen den Zugang zu diesen Naturräumlichkeiten zu gewähren, damit diese Einblicke in die Zusammenhänge in der Natur erkennen können sowie sich erholen können: Darüber hinaus sollen in einem Nationalpark auch die Gesetzmäßigkeiten erforscht werden, denen die Natur unterliegt. Nur deren Kenntnis befähigt den Menschen, die Ziele des Naturschutzes zu verwirklichen.

Fast jedes Gebiet, das zum Nationalpark erklärt wird, besitzt Naturräume, die sich frei von menschlichen Eingriffen entwikkeln dürfen. Um dies zu gewährleisten, ist es nicht nur nötig, die Menschen über die Natur in den Nationalparken und ihre Schutzwürdigkeit zu informieren, sondern auch Einblicke in die Arbeit der Nationalparkverwaltung vor Ort zu geben. Während in der sogenannten Kernzone (der Schutzzone I) keine menschlichen Eingriffe stattfinden (sollen), wird in der Schutzzone I, der »Pflege- und Entwicklungszone«, der Natur unter die Arme gegriffen, um den Status quo zu erhalten oder um zu einem Landschaftstyp zu gelangen, der im Einklang mit den jeweiligen Zielen des Nationalparks steht.

Küstenlandschaft an der Westküste der Halbinsel Darß. Die vom Wind in eine Richtung gedrückten Bäume nennt man Windflüchter.

Nationalpark Jasmund

Im Falle des Nationalparks Jasmund gehören hierzu etwa die aufgelassenen Kreidebrüche von Quoltitz. Zu dieser Zone müssen auch die sie umgebenden Offenlandbereiche (meist ehemalige extensive landwirtschaftliche Nutzflächen) gerechnet werden. Hier ist im einzelnen festzustellen, wie hoch die verschiedenen Bereiche zu bewerten und welche Maßnahmen zu ergreifen sind. Auch degenerierte Moorflächen gehören zur »Pflege- und Entwicklungszone«. Die dritte Zone (»Erholungszone«) besteht aus den besiedelten und/oder der touristischen Infrastruktur dienenden Bereichen. Auch hier kann der gegenwärtige Zustand durchaus unbefriedigend und verbesserungsbedürftig sein.

Das Gebiet des heutigen Nationalparks war und ist einer Reihe von menschlichen Nutzungen ausgesetzt, deren Einflüsse unterschiedlich zu bewerten sind. Als tiefgreifende Degradierung sind die Entwässerungen verschiedener lokaler Moore der Stubnitz zu bewerten, die teilweise lediglich der Futtergewinnung und der verbesserten Äsung des hier vorhandenen Schalenwildes dienten. Deren Bestände sind viel zu hoch, zudem sind zum Teil nicht standortgemäße Tierarten wie Damwild oder Mufflon ausgesetzt worden. Dagegen haben die ehemaligen Kreidebrüche – wiewohl zunächst landschaftszerstörend – in der Folge eine Bereicherung gebracht, die es zu erhalten gilt.

Der Wald des Nationalparks ist in weiten Bereichen noch als naturnah einzustufen. Seit Anfang des letzten Jahrhunderts wurden zwar verschiedentlich standortfremde Baumarten wie Fichte, Sitkafichte, Douglasie und Pappel eingebracht, sie nehmen aber nur relativ geringe Flächen ein. Im großen und ganzen ist die Forstwirtschaft in der Stubnitz als vergleichsweise umweltverträglich und schonend anzusehen, einzelne Standorte sind seit 150 Jahren unbeeinflußt geblieben. Zukünftig sollten, dem Schutzgedanken entsprechend, keine forstlichen Aktivitäten mehr im Nationalpark stattfinden. Eine Bewirtschaftung findet heute vorwiegend in den nicht standortgemäßen Nadelbeständen statt, deren Stämme als Bauholz für notwendige Maßnahmen der Besucherlenkung und zu errichtende Gebäude Verwendung finden sollen.

Die Waldbehandlungsrichtlinie soll solange Gültigkeit haben, bis der Pflege- und Entwicklungsplan verabschiedet ist. Dieser ist zur Zeit im wesentlichen fertiggestellt. Jasmund wäre somit der erste Nationalpark, der ein solches »Optimierungs-Instrument« besitzt. Dies wurde durch einen großzügigen Geldbetrag der »Oppermann-Stiftung« ermöglicht. In einem Pflege- und Entwicklungsplan werden zunächst Standortfaktoren wie Klima, geologische und hydrologische Faktoren, die vorhandene Tier- und Pflanzenwelt sowie die bestehenden Nutzungsarten und gegebenenfalls daraus resultierenden Schäden

ermittelt, nur um die herausstechendsten Parameter zu nennen. Diese werden dann, einfach gesprochen, einem »Idealbild« des entsprechenden Gebietes gegenübergestellt, welches einem unter den gegebenen Bedingungen erzielbaren Optimalzustand entspricht. Da der sogenannte »Ist-Zustand« davon normalerweise jedoch mehr oder weniger weit entfernt ist, werden Maßnahmen vorgeschlagen, diesem Idealbild möglichst nahe zu kommen. Diese werden in einer Art »Katalog« dezidiert aufgeführt. Dabei erstrecken sich diese Maßnahmen auf ein sehr weites Feld. Der Rahmen, der in einem Pflege- und Entwicklungsplan behandelt werden muß, zieht sich von Handlungsanweisungen zur Regeneration geschädigter Lebensraumtypen, wie z. B. Moore, über Richtlinien zum Umbau der Wälder oder zum Erhalt wertvoller, auf traditionelle menschliche Nutzung zurückzuführender Offenlandbereiche (Wiesen, Magerrasen, Hekken – auch etwa die verlassenen Kreidebrüche) bis hin zu Vorgaben bezüglich touristischer Infrastrukturen; aber auch konkurrierende Ansprüche seitens Jagd, Land- und Forstwirtschaft sowie der Fischerei gehören dazu. Unerläßlich zur Einschätzung und Bewertung eines Gebietes ist eine möglichst

Bis 1970 war der Wanderfalke Brutvogel im Nationalpark Jasmund. Heute kann man diesen schnittigen Vogeljäger nur noch hin und wieder im Winterhalbjahr hier antreffen.

vollständige Erfassung der relevanten Tier- und Pflanzenarten, der Grundwasserverhältnisse, der Böden sowie der bestehenden Belastungen. Es handelt sich hier um eine äußerst umfangreiche und kostspielige Angelegenheit.

Die Ergebnisse und durchzuführenden Maßnahmen können hier nur ganz kurz angerissen werden. Sie sind zwar für entsprechende Fachbehörden gedacht, sollen aber auszugshalber, um Verständnis beim Besucher zu wecken, kurz vorgestellt werden. Ein Kernpunkt ist die »Besucherlenkung« zur Schaffung von Ruhezonen in diesem doch sehr stark frequentierten Nationalpark. Dadurch gelingt es vielleicht, störungsempfindliche Arten wie Seeadler und Wanderfalke in der Stubnitz wieder anzusiedeln. Weitere Schwerpunkte sind die Wiedervernässung degradierter Moorflächen und Pflegemaßnahmen im Bereich der Quoltitzer Kreidebrüche. Vorgänge, die ein Außenstehender am ehesten bemerken mag, sind solche, die ihn direkt betreffen. So ist das ganze Jahr über der Privatverkehr zwischen Kreuzung Hagen und dem Königsstuhl zwischen 8.00 und 19.00 Uhr gesperrt. Weitere Veränderungen sind für die gastronomischen Bereiche am Busparkplatz Königsstuhl vorgesehen. Die dort vorhandenen Buden und das Restaurant sollen aufgelassen und durch Betriebe im benachbarten ehemaligen Militärgelände ersetzt werden. Im Hinblick auf den beträchtlich angeschwollenen Touristenstrom, der sich alljährlich über den Nationalpark Jasmund ergießt, ist auch die Initiative »Praktikum für die Umwelt«, die von der Commerzbank gesponsert wird, von besonderem Stellenwert (s. u.).

Die oben angesprochenen Konfliktbereiche zwischen Erholungsbedürfnis der Besucher einerseits und der Sensibilität bedrohter Arten und Lebensräume andererseits zwingen zu Kompromissen. Es geht nicht an, daß Touristen, um ein Stück »unberührter Natur« zu erfahren, querfeldein durch Moore und Magerrasen trampeln und nebenher etwa störungsempfindliche Tierarten vertreiben. Natur- und umweltbewußt zu handeln bedeutet, sich rücksichtsvoll zu verhalten und, wenn es sein muß, auch einmal auf eine Beobachtung einer vom Aussterben bedrohten Art zu verzichten.

Seit 1992 werden von der Nationalparkverwaltung Führungen angeboten, bei denen die Besucher Informationen über die Naturausstattung des Nationalparks sowie über dessen Anliegen und Aufgaben erhalten. Die Führungen beginnen am Parkplatz Hagen und enden am etwa 3 km entfernten Königsstuhl. Es besteht aber auch die Möglichkeit, an themenbezogenen Führungen teilzunehmen. Zu diesen Führungen muß man sich allerdings bei der Nationalparkverwaltung anmelden, die in der Nähe der Bushaltestelle am Königsstuhl ihren Sitz hat. Dort erhält man auch das ausführliche Programm.

Nationalparkverwaltung Jasmund
Tel. 038392/35011
Fax 038392/35054.

Nationalpark Vorpommersche Boddenlandschaft

Analog zum Nationalpark Jasmund gibt es auch im Nationalpark Vorpommersche Boddenlandschaft eine »Kernzone« (Schutzzone I) und »Pflege- und Entwicklungszone« (Schutzzone II). Ausgeklammert sind die Ortschaften sowie die umgebenden landwirtschaftlich genutzten Bereiche um Prerow, Wieck und dem Ostseebad Zingst auf Darß/Zingst, ferner um Vitte, Kloster und Neuendorf auf Hiddensee sowie der größte Teil der Insel Ummanz.

Die Kernzone umfaßt die vom naturschützerischen Standpunkt wertvollsten, da sie perspektivisch eine natürliche Entwicklung zulassen. Es sind dies: der Westdarß mit den natürlichen Landbildungszonen des Darßer Ortes sowie die Waldzonen des Neudarß mit ihren Vermoorungen und Strandseen; die Dünenlandschaften und Flachwasserbereiche vom Ostzingst über Bock bis zum Gellen im Süden Hiddensees; der Nordteil von Hiddensee mit dem Haken Neubessin bis hinüber zur Halbinsel Bug auf Rügen. All diese Bereiche sind aus morphologischen und biologischen Gründen als überaus wertvoll einzustufen, denn hier befinden sich sowohl die wichtigsten Zonen der natürlichen Küstenneugestaltung als auch die bedeutendsten Vogelrast- und Brutplätze.

Auch in der Schutzzone II sind vielfach sehr wertvolle Flächen vorhanden. Dazu gehören zum Beispiel die Dünenheide und die Salzwiesen auf Hiddensee, Teilbereiche von Ummanz sowie die Fährinsel, die Inseln Heuwiese, Kirr und Libitz.

Insbesondere der östliche Teil des Zingst, der zur Kernzone gehört, wurde in den vergangenen 30 Jahren zunehmend landwirtschaftlich intensiviert. So wurden aus Salzwiesen durch Eindeichung, Düngung und Graseinsaaten uniforme Grünländer, die nicht mehr überflutet werden und so ihrer Funktion der Anreicherung der Boddengewässer mit Sauerstoff nicht mehr nachkommen können. Durch zunehmende Viehhaltung kam es sogar zu einer verstärkten Nährstoffanreicherung in den Brackwasserlagunen. Das Ausbleiben der Überflutungen bedroht auch die Brut- und Rastplätze der hier vorkommenden Küstenvögel wie Kampfläufer, Alpenstrandläufer, Uferschnepfe und Säbelschnäbler. Von den einst großflächigen Salzwiesen der mecklenburg-vorpommerschen Ostseeküste sind im Laufe der letzten 150 Jahren infolge umfangreicher Deichbau- und Meliorationsmaßnahmen nur mehr etwa 10 % übriggeblieben. Es ist die Aufgabe sorgfältig zu konzipierender Maßnahmen, die im Nationalpark noch vorhandenen Flächen zu sichern und zu vergrößern. Eine Übersicht wertvoller Lebensräume im Bundesland Mecklenburg-Vorpommern sowie Anregungen zur Erhaltung wird auch in einigen landesweiten Programmen gegeben. Die bedeutendsten sind das sogenannte »Vorläufige Gutachterliche Landschaftsprogramm« aus dem Jahre 1992 sowie der Entwurf zum »Generalplan Küsten- und Hochwasserschutz« von 1993. Auch das Programm »Naturschutzgerechte Grünlandnutzung« sollte hier erwähnt werden, das sich zum Ziel setzt, extensiv genutzte Flächen zu erhalten. Zur Regenerierung und Vergrößerung der Salzwiesenareale ist es notwendig, zunächst durch Öffnen der Schöpfwerke wieder eine natürliche Überflutung herzustellen, sodann später schrittweise einzelne Deiche – soweit diese nicht dem Schutz von Ortschaften dienen – wegzunehmen. Das stößt natürlich bei der einheimischen Bevölkerung nicht immer auf ungeteilte Zustimmung. Die Nationalparkverwaltung bemüht sich aber mit Sachargumenten, unbegründete Ängste der ortsansässigen Landwirte abzubauen.

Ein wesentliches Ziel ist dabei die ökologische Aufwertung der »Sundischen Wiesen«, die heute aus intensiv genutzten Viehweiden bestehen. Bis vor kurzem wurden Teile der Sundischen Wiesen außerdem von der Nationalen Volksarmee der DDR und ihrer »Nachfolgerin« Bundeswehr als Raketenschießplatz genutzt. Eine Rückwandlung dieses Gebietes in den früheren Zustand ist nur durch eine Verringerung der Rinderzahl und einen Rückbau der hier bestehenden Deiche zu erreichen. Als weitere militärische Altlasten sind der Darßer Ort (dort außerdem ein »Nothafen« des Sportbootverkehrs), Teile Hiddensees und die Halbinsel Bug zu nennen.

Ein zusätzliches Problem stellen auch die forstlichen Monokulturen, die besonders im Darßwald verbreitet sind, dar. Diese stehen dem Ziel des Nationalparks entgegen, möglichst naturnahe artenreiche Waldbestände zu entwikkeln. Hier besteht noch erheblicher Handlungsbedarf, der nur in Abstimmung mit den Forstbehörden erreicht werden kann. Insbesondere die Wiedervernässung trockengefallener Erlenbrüche ist ein dringliches Problem, denn diese sind ein typischer und unverzichtbarer Bestandteil des Darßwaldes. Dazu müssen etwa Entwässerungsgräben verfüllt und Schöpfwerke stillgelegt werden. Zur Sanierung des Waldes gehört auch die Reduzierung der überhöhten Wildbestände, die noch aus den Zeiten stammen, da der Darß Staatsjagsgebiet war. Da jedoch die hier vorhandenen Hirsch- und Wildschweinbestände sicherlich eine wichtige Attraktion des Nationalparkes sind, ist daran gedacht, die Art und Weise der Jagd insgesamt zu ändern. Statt der mehr oder weniger permanenten Beunruhigung des Wildes durch Hochstandansitz wird erwogen, auf eine konzentrierte Periode der Bejagung und Dezimierung der Bestände eine lange Phase der Ruhe folgen zu lassen, während der die Tiere allmählich wieder ihre Scheu vor dem Menschen verlieren und so zunehmend besser zu beobachten sind. Ein weiteres wichtiges Problem ist natürlich auch die allgemeine Wasserverschmutzung in den Bodden. Sie führte schon zum Verschwinden des Fischadlers, denn dieser ist ein Stoßtaucher und als solcher auf klares Wasser angewiesen. Auch die in den Bodden bzw. der Ostsee beheimatete oder zumindest hier ablaichendende Fischwelt wird natürlich dadurch beeinträchtigt. Um diese Bestände zu schonen, soll zwischen der Nationalparkverwaltung und den hier lebenden Fischern eine sog. »Hegegemeinschaft« gebildet werden, die unter anderem vorsieht, daß bis in zehn Meter Wassertiefe keine schweren Schleppnetze verwendet werden.

Um auf all diese (und noch weitere) Probleme eine Antwort zu finden, gibt es auch für den Nationalpark »Vorpommersche Boddenlandschaft« einen Pflegeplan, der 1995 abgeschlossen sein wird.

Um den Besuchern Einblicke in den Nationalpark und ihre Arbeit zu vermitteln, stellt die Nationalparkverwaltung ein umfangreiches Führungsangebot bereit. Dabei hat man die Gelegenheit, die Halbinseln Darß/Zingst, die Inseln Hiddensee und Ummanz, Barhöft sowie die Westküste Rügens unter fachkundiger Leitung zu erkunden. Informationen zu den Führungen erhalten Sie bei der Nationalparkverwaltung Vorpommersche Boddenlandschaft, Tel. und Fax 038234/295.

Ausstellungen in den verschiedenen Informationszentren und Nationalpark-Häusern vermitteln einen guten Überblick über die Natur des Nationalparks.

Im Nationalpark Vorpommersche Boddenlandschaft sorgt die Initiative der Commerzbank dafür, daß hier insgesamt 5 Praktikantenstellen (verteilt auf Darß/Zingst, Hiddensee und Barhöft) besetzt werden. Im Nationalpark Jasmund sind derzeit zwei, ab 1995 drei Commerzbank-Praktikanten tätig.

Der Darßer Leuchtturm ist der älteste Leuchtturm an der Küste Mecklenburg-Vorpommerns, der noch in Betrieb ist.

Praktikum für die Umwelt – Eine Initiative der Commerzbank –

Der Schutz der Natur und damit des Menschen und seiner Lebensgrundlagen ist die wichtigste Aufgabe zur Sicherung unserer Zukunft. Durch mittlerweile elf Nationalparke werden in Deutschland ökologisch bedeutende Gebiete großflächig unter Schutz gestellt, so daß bedrohte Tiere und Pflanzen ihren Lebensraum behalten. Die Bedeutung der Nationalparke steigt mit jedem Quadratmeter verlorener Natur – auch als Erholungsgebiet für den Menschen.

Vor diesem Hintergrund entstand 1990 das »Praktikum für die Umwelt« in Zusammenarbeit zwischen den deutschen Nationalparken und der Commerzbank. Um Urlauber und Einheimische über die Existenz und Bedrohung von Naturlandschaften aufzuklären, fördert die Bank die Nationalparke. Ihre Umwelt-Praktikanten unterstützen die Naturschützer tatkräftig bei ihrer Informations- und Bildungsarbeit, denn wichtige Lebensräume werden durch den Tourismus gefährdet, solange das erforderliche umweltgerechte Verhalten fehlt. Daneben verfolgen diese Praktika das Ziel, jungen, am Natur- und Umweltschutz interessierten Menschen Erfahrungen »vor Ort« zu vermitteln.

Im Jahr 1992 wurde zwischen der Commerzbank und der gerade gegründeten Föderation der Natur- und Nationalparke Europas – Sektion Deutschland (FÖNAD) eine enge Zusammenarbeit beschlossen; sie stellt eine bisher noch viel zu wenig praktizierte Kooperation zwischen Ökonomie und Ökologie dar. Auch hier ist eine klare Arbeitsteilung sinnvoll: Die Nationalparke geben z. B. die fachlichen Inhalte vor und wählen die Bewerber für die einzelnen Praktikantenplätze aus, die Bank zahlt den Praktikanten ein monatliches Gehalt von DM 850,– sowie DM 450,– für die Unterkunft.

Die bisherige Bilanz dieses Projektes ist sehr positiv, sowohl auf seiten der Praktikanten als auch für die Nationalparke: 1990 startete das Projekt mit 25 Praktikantinnen und Praktikanten. Diese Zahl hat sich bis 1994 kontinuierlich erhöht und liegt heute bei über 50 jährlich.
Das Projekt steht Studenten und Studentinnen aller Fachbereiche offen, die für drei bis sechs Monate die Umweltbildungsarbeit der Parke unterstützen wollen.
Die Praktika beginnen im April mit einer viertägigen Einführungstagung im Nationalpark Bayerischer Wald. Hier werden die angehenden Praktikanten mit der Nationalpark-Philosophie vertraut gemacht und erhalten einen Einblick in ihre zukünftige Arbeit. Die Praktika enden spätestens im Okotober.
Die Ausschreibungsbroschüre mit einem Bewerbungsbogen kann im Oktober eines jeden Jahres bei der FÖNAD, Kröllstraße 5, 94481 Grafenau, angefordert werden.

Eine Praktikantin vermittelt einer Schülergruppe Naturerlebnisse mit allen Sinnen.

IBM Besucher-Informationssystem

Die IBM Deutschland unterstützt bereits seit vielen Jahren die Nationalparkidee durch Sach- und Finanzmittel sowie Computer-Know-how. Als Partner der Nationalparke ist IBM seit 1991 maßgeblich an der gezielten Information der Nationalparkbesucher beteiligt. Dazu stellte das Unternehmen allen deutschen Nationalparken ein Informationssystem zur Verfügung. Per Knopfdruck können die Besucher dort Wissenswertes zum Thema Nationalpark abrufen und sich einen Überblick über die heimische Tier- und Pflanzenwelt, über Wanderrouten oder das touristische Angebot der Region verschaffen.
Die Bedienung des Systems erfordert keinerlei Vorkenntnisse und bereitet auch Ungeübten keine Schwierigkeiten. Texte, Fotos, kurze Videosequenzen, Musik und Sprache sind didaktisch sinnvoll eingesetzt und vermitteln auf fast spielerische Weise ein lebendiges und lehrreiches Bild des jeweiligen Schutzgebietes.
Die Vorteile des elektronischen Systems: Jeder Besucher kann sich ganz nach seinen Wünschen und Interessen informieren und

so individuell auf den Aufenthalt im Nationalparkgebiet vorbereiten. Dies kommt auch den Zielen der Nationalparkverantwortlichen zugute: Zum einen verhalten sich gut informierte Besucher umweltbewußter, zum anderen bietet das System einen Ansatz, die immer stärker anwachsenden Besucherströme aktiv zu lenken. Beispielsweise ist es möglich, sogar kurzfristig bestimmte, stark frequentierte Regionen zu entlasten, indem die Besucher per Bildschirm in andere Gebiete »umgeleitet« werden. Auf diese Weise trägt moderne Informationstechnik in den Nationalparken dazu bei, Verständnis für die Belange der Natur zu fördern sowie Aufgaben des Naturschutzes und des Tourismus' in den Schutzgebieten zu lösen.

Im Nationalpark Vorpommersche Boddenlandschaft befindet sich das Besucher-Informationssystem im Informationszentrum des Nationalparks in Wieck/Darß und im Natureum Darßer Ort. Im Nationalpark Jasmund wird es im neu einzurichtenden Informationszentrum am Königsstuhl seinen Dienst tun.

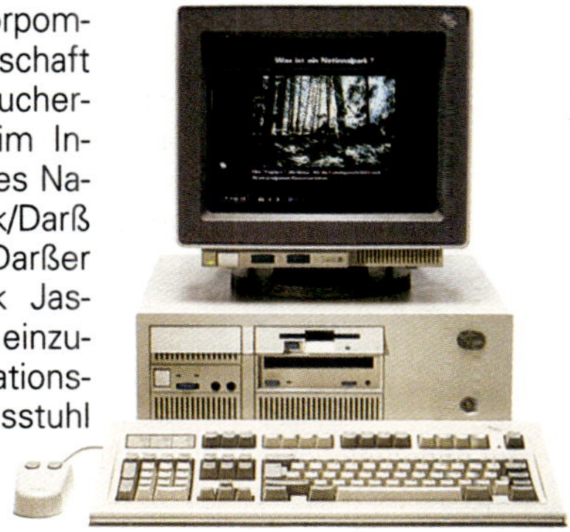

Literatur

Bücher

Blase, K. (1994): Hiddensee A-Z. Demmler Verlag, Schwerin.

Dittberner, H. & E. Hoyer (1993): Die Vogelwelt der Inseln Rügen und Hiddensee. Teil 1. Pro Natura MV, Galenbeck/ Meckl.

Ellenberg, H. (1986): Vegetation Mitteleuropas mit den Alpen. Eugen Ulmer Verlag, Stuttgart.

Freude, M., Jeschke, L., Knapp, H.-D. & M. Succow (1992): Unbekanntes Deutschland. Tomus Verlag.

Graumann, G. (1993): Küstenvogelschutz im Nationalpark Vorpommersche Boddenlandschaft. Naturschutzarbeit in Mecklenburg-Vorpommern, Jahrg. 36, S. 14-20.

Herald, E. S. (1961): Knaurs Tierreich in Farben – Fische. Droemersche Verlagsanstalt, München, Zürich.

Hoyer, E. (1993): Naturführer Insel Rügen und Insel Hiddensee. Pro Natura MV, Galenbeck/ Meckl.

Jeschke, L. (1964): Die Vegetation der Stubnitz. Natur und Naturschutz in Mecklenburg II, 1-154.

Jeschke, L. & H. Kögler (Hrsg.) (1992): National- & Naturparkführer Mecklenburg-Vorpommern. Demmler Verlag, Schwerin.

Kerney, M. P., Cameron, R. A. D. & J. H. Jungbluth (1983): Die Landschnecken Nord- und Mitteleuropas. Verlag Paul Parey, Hamburg, Berlin.

Klafs, G. & H. Baier (1993): Berichte über die Arbeitsschwerpunkte der für Naturschutz und Landschaftspflege zuständigen Fachinstitutionen der Länder – Mecklenburg-Vorpommern. Natur und Landschaft 68/5, S. 227-228.

Klafs, G. & J. Stübs (Hrsg.) (1987): Die Vogelwelt Mecklenburgs. Aula-Verlag, Wiesbaden.

Koch, M. (1984): Wir bestimmen Schmetterlinge. Verlag Neumann-Neudamm, Melsungen.

Kuball, M. (1992): Ostseeküste von Flensburg bis Usedom. HB Bildatlas, HB Verlagsgesellschaft, Hamburg.

Kümmerly + Frei (1992): Wanderführer Fischland – Darß – Zingst. Tourist Verlag, Berlin.

Kutscher, M. (1991): Nationalpark Jasmund – Kreidefelsen und Rotbuchenwälder. Nationalpark 2/91.

Kutscher, M. (1992): Die Insel Rügen – Nationalpark Jasmund. Weinstock Verlag, Reutlingen.

Lehmann, H. (Hrsg.) (1990): Rügen – Sagen und Geschichten. Demmler Verlag, Schwerin.

Lohmann, M. & E. Rutschke (1991): Vogelparadiese. Band 3: Ost- und Mitteldeutschland. Parey-Verlag, Berlin, Hamburg.

Meßner, U. & H. D. Knapp (1989): Zur Landschaftsgeschichte, Pflanzendecke und Schutzproblematik des NSG Zickersches Höft auf Mönchgut/Rügen. Naturschutzarbeit in Mecklenburg 32,1-15

Nationalparkamt Mecklenburg-Vorpommern (1992): National- und Naturparkführer Mecklenburg-Vorpommern. Demmler-Verlag, Schwerin.

Rabius, E.-W. & R. Holz (Hrsg.) (1993): Naturschutz in Mecklenburg-Vorpommern. Demmler-Verlag, Schwerin.

Schilling, D., Singer, D. & H. Diller (1983): Säugetiere. Reihe BLV Bestimmungsbuch. BLV Verlagsges., München, Wien, Zürich.

Schulz, F. & E. Rösel (1993): Vorpommersche Boddenlandschaft und Recknitztal. Reihe Neumanns Landschaftsführer. Neumann Verlag, Radebeul.

Sporns, H. (1991): Nationalpark Vorpommersche Boddenlandschaft – Der Kranich-Rastplatz an der Ostsee. Nationalpark 2/91.

Wachlin, V. (1990): Die Küstenschmetterlinge (Lepidoptera). In: Natur und Umwelt – Beiträge aus dem Bezirk Rostock, Heft 15, S. 57-72.

Broschüren

Amt des Ministerpräsidenten (Hrsg.) (1990): Verordnung über die Festsetzung des Nationalparkes Vorpom-

mersche Boddenlandschaft. Staatsverlag der DDR
Föderation der Natur- und Nationalparke Europas/Pro Natur (Hrsg.) (1991): Neue Nationalparke in Ostdeutschland. Broschüre, erhältlich über: Föderation der Natur- und Nationalparke Europas – Sektion Deutschland e.V., Grafenau.
Nationalparkamt Mecklenburg-Vorpommem, Nationalpark Jasmund (Hrsg.) (1993): diverse Faltblätter.
Nationalparkamt Mecklenburg-Vorpommern, Nationalpark Vorpommersche Boddenlandschaft (Hrsg.) (1992): diverse Faltblätter und Routenbeschreibungen.
Pulkenat, S.: Pflege- und Entwicklungsplan für den Nationalpark Jasmund (unveröffentlichtes Gutachten).
Verein der Freunde und Förderer des Nationalparks Jasmund e. V. (1993): diverse Mitteilungsblätter (»Der Nationalpark Jasmund«).

Kartenmaterial

Kompaß Wanderkarte »Insel Rügen« (Maßstab 1: 50 000). Geographischer Verlag, Starnberg.
Wander- und Freizeitkarte »Rügen mit Hiddensee« (Maßstab 1: 75 000). Nordland Kartenverlag,
Kompaß Spezial Wanderkarte »Darß-Zingst Fischland« (Maßstab 1: 50 000). Geographischer Verlag, Starnberg.

Register

(Fett gedruckte Seitenzahlen verweisen auf Fotos

Nationalpark Jasmund

Nationalpark Vorpommersche Boddenlandschaft

Fotografen: Arndt/Silvestris: S. 49; Brandl/Silvestris: S. 80; Griehl: S. 5, 22, 24; Hanneforth/Silvestris: S. 41; Heine/Silvestris: S. 4/5, 28/29, 95, 117; T. Hofmann/ Silvestris: S. 65; Korall/Silvestris: S. 19; Kutscher: S. 4 M., 4 u., 36, 101; Müller: S. 4 o., 53; v. Munster/IBM: S. 154/155 (alle Fotos); Nationalparkverwaltung Vorpommersche Boddenlandschaft: S. 153; Nill/Silvestris: S. 147; Rosing/ Silvestris: S. 2/3, 12/13, 14, 16/17, 20/21, 31, 34/35, 57, 58/59, 66/67, 69, 70/71, 72/73, 82/83, 89, 92, 96/97, 103, 106/107, 112/113, 121, 124/125, 136/137, 138/ 139, 140/141, 144/145, 151; Sauer/Silvestris: S. 39; Silvestris: S. 44/45, 63, 76; Wernicke/Silvestris: S. 51; Wothe/Silvestris: S. 131.
Titelfoto: Rosing/Silvestris.

Wir danken den Nationalparkverwaltungen Jasmund und Vorpommersche Boddenlandschaft, vor allem Herrn Kutscher, Frau Schäfer und Herrn Sporns, für die gute Beratung und die konstruktive Durchsicht der Manuskripte. Für die freundliche Überlassung von Tourenbeschreibungen auf der Insel Ummanz und im Kubitzer Bodden danken wir Herrn Schmidt, Nationalpark Vorpommersche Boddenlandschaft.

Quellenangabe:

Föderation der Natur- und Nationalparke Europas –
Sektion Deutschland e.V. (FÖNAD)
Kröllstraße 5, 94481 Grafenau
Tel.: 08552/9600-0, Fax: 08552/1394

Nationalparkverwaltung Jasmund
Postfach 22, 18546 Sassnitz
Tel.: 038392/35011, Fax: 038392/35054

Nationalparkverwaltung Vorpommersche
Boddenlandschaft
Forsthaus, 18375 Born
Tel. + Fax: 038234/295

© 1995 VEBU-VERLAG GmbH, 59457 Werl i.W.
Alle Rechte vorbehalten. Nachdruck, auch auszugsweise, sowie Verbreitung durch Film, Funk und Fernsehen, durch fotomechanische Wiedergabe, Tonträger und Datenverarbeitungssysteme jeder Art nur mit schriftlicher Genehmigung des Verlages.
Die Ratschläge in diesem Buch sind von Autoren und Verlag sorgfältig erwogen und geprüft, dennoch kann eine Garantie nicht übernommen werden. Eine Haftung der Autoren bzw. des Verlages und seiner Beauftragten für Personen-, Sach- und Vermögensschäden ist ausgeschlossen.

Redaktion und Zusammenstellung des Sammelwerkes:
Verlagsgesellschaft NATURA 2000 GmbH, Herrsching
Chefredaktion: Angelika Lang
Autoren: Frank Gnoth-Austen, Dr. Rudolf Specht
Bildbeschaffung: Silvestris Fotoservice GmbH, Kastl
Gestaltung + Satz: Michael Bauer, Weißenfeld bei München
Lithographien: Layoutsatz Mitterweger GmbH, Plankstadt
Druck und Einband: Graphische Großbetriebe Pößneck GmbH, Pößneck

ISBN 3-536-00476-8

Dieses Buch ist auf chlorfrei gebleichtem Papier gedruckt.